KB262428

1~100을 이용한

알고리즘의 이해(2)

-C언어 편

김득수 著

21세기사

| 머리말 |

이 책은 프로그래밍 언어를 처음 공부하는 학생, 프로그램을 작성 하고자 하는 사람에게 프로그래밍의 기본이 되는 알고리즘 작성의 기초를 습득 할 수 있게 한다.

알고리즘의 이해라는 문제를 해결하기 위하여 C 언어의 최소한 명령을 사용하여 대부분의 결과가 1~100사이의 숫자가 출력되도록 하여 결과를 아는 상태에서 자신 있게 접근할 수 있도록 하였다. 예를 들어 (5, 3, 1, 4, 2)라는 데이터가 있는 경우 오름차순으로 정렬을 하면 (1, 2, 3, 4, 5)이며 이것을 해결하는 아이디어가 무엇일까? 하고 알고리즘에 접근할 수 있도록 하였다.

이 책은 데이터를 자기 자신의 요구에 맞게 정리 하고자 하는 공학계열의 학생, 정보처리에 관련된 기능사, 산업기사, 기사자격증의 실기시험 준비, 단기직업교육, 산업체 현장교육 등에 활용 할 수 있다.

이 책은 14장으로 구성되어 있으며 한 학기 교재로 사용 할 수 있도록 하였다. 주당 2시간인 경우 1시간은 각 장의 이론적인 부분들을 이해하고 학생들은 순서도와 프로그램을 직접 그려보고 작성하는 시간, 1시간은 컴퓨터를 이용하여 직접 프로그램을 입력, 실행, 에러를 수정하는 시간으로 하며 연습문제는 과제물로 제출 할 수 있도록 하였다. 또한 단기간으로 공부하는 경우 1개월 수업이면 가능하다.

이 책의 각 장 구성은 다음과 같다. 1장에서는 알고리즘에 대한 일반적인 개념과 비주얼베이직의 사용법, 2장에서 4장 까지는 프로그램의 3대 구성 요소인 순차구조, 선택구조, 순환구조를 설명하며 프로그램 작성의 최소 명령의 숙달 및 구조적 프로그램의 이해, 5장에서는 반복 처리를 하기 위한 중복 순환구조, 7장에서는 문자열에 대한 설명이며 프로그램이 고급화가 되면 문자열 처리가 필수가 된다.

7장 까지는 기초 내용이 되며 8, 9장은 알고리즘의 기본 내용들이 기술 되며 10장에서 12장은 일상생활에서도 많이 활용 할 수 있는 정렬방법, 자료를 찾기 위한 검색, 13장에서는 수치연산 함수 및 재귀함수, 14장에서는 자료를 보관하기 위한 순차 파일처리로 구성되어 있다.

이 책은 알고리즘을 처음 공부하는 사람들이 본 책에 있는 알고리즘을 이해하고 직접 실행함으로써 사용한 기법들을 자연스럽게 익히게 하고 응용 할 수 있는 능력을 배양 하도록 하였다. 이 책을 공부한 후에는 이 책에서 사용한 기법보다 더 우수한 알고리즘을 개발하여 활용하기를 바란다.

이 책이 알고리즘을 이해하고자 하는 사람들에게 조금이나마 도움이 되었으면 하는 마음이다.

2011년 1월

학산 아래에서   저자 씀

| 차 례 |

CHAPTER 01 알고리즘 개요

1-1. 알고리즘과 순서도 ·······13
1-2. 순서도의 기본 기호 ·······14
1-3. 순서도의 기본 구조 ·······16
1-4. 비주얼 C++ 6.0 사용법 ·······19
1-5. 변수와 출력문 ·······27

CHAPTER 02 순차구조

2-1. 입출력문 ·······37
2-2. 산술연산자 ·······40
2-3. 절대치(abs) ·······42
2-4. 정수(int) ·······44
2-5. 제곱근(sqrt) ·······46
2-6. 나머지(%) ·······48
2-7. 난수(rand) ·······50

CHAPTER 03 선택구조

3-1. 관계 연산자와 논리 연산자 ·······59
3-2. if 문 ·······62
3-3. if ~ else 문 ·······64
3-4. 다중 if 문 ·······66
3-5. switch case 문 ·······68

CHAPTER 04 순환구조

4-1. for 문 ···················· 77
4-2. while, do~while ···················· 79
4-3. break 문 ···················· 82
4-4. goto 문 ···················· 84
4-5. 두 수사이의 합, 갯수 구하기 ···················· 86
4-6. 두 수 중에서 큰 수, 작은 수판별 ···················· 88
4-7. 2의 거듭 제곱표 ···················· 90

CHAPTER 05 중복 순환구조

5-1. 구구단 구하기 ···················· 99
5-2. 삼각형 모양 만들기 ···················· 101
5-3. 알파벳 출력하기 ···················· 103
5-4. 소수 ···················· 105
5-5. 약수 ···················· 107
5-6. 5! 계산하기 ···················· 109

CHAPTER 06 배열

6-1. 1차원 배열의 합과 평균 ···················· 117
6-2. 1차원 배열에 데이터 입력 ···················· 120
6-3. 2차원 배열 ···················· 122
6-4. 2차원 배열에 데이터 입력(행우선) ···················· 125
6-5. 2차원 배열에 데이터 입력(열 우선) ···················· 127
6-6. 2차원 배열에 삼각형 모양으로 채우기 ···················· 129

CHAPTER 07 문자열 함수

7-1. 문자열과 포인터 변수 ·······139
7-2. 문자열 길이 명령 ·······142
7-3. 부분 문자열 처리 ·······144
7-4. 문자열 복사, 연결 명령 ·······146
7-5. 대문자, 소문자 및 수치 변환 ·······148
7-6. 문자열 역순 ·······150
7-7. 문자 변경 ·······152
7-8. 문자열 분리 ·······154

CHAPTER 08 기본 알고리즘(1)

8-1. 범위의 개수 구하기 ·······163
8-2. 최대값과 최소값 ·······165
8-3. 석차 ·······167
8-4. 등차수열 ·······169
8-5. 등비수열 ·······171
8-6. 스위치 변수 ·······173
8-7. 피보나치수열 ·······175

CHAPTER 09 기본 알고리즘(2)

9-1. 공배수 ·······185
9-2. 최대공약수 ·······187
9-3. 가장 가까운 수 ·······190
9-4. 10진수를 2진수로 변환 ·······192
9-5. 10진수를 16진수로 변환 ·······194
9-6. 2진수를 10진수로 변환 ·······197
9-7. 16진수를 10진수로 변환 ·······199

CHAPTER 10 정렬 알고리즘(1)

10-1. 선택정렬(Selection Sort) ·······················207
10-2. 버블정렬(Bubble Sort) ·························210
10-3. 삽입정렬(Insertion Sort) ·····················212

CHAPTER 11 정렬 알고리즘(2)

11-1. 병합정렬(Merge Sort) – (1) ···················221
11-2. 병합정렬(Merge Sort) – (2) ···················224
11-3. 퀵 정렬(Quick Sort) ··························226

CHAPTER 12 검색 알고리즘

12-1. 순차검색(Sequential Search) ··················237
12-2. 이분검색(Binary Search) ·····················239
12-3. 소문자 대문자 상호변환 ·······················241
12-4. 숫자의 빈도 ································243

CHAPTER 13 함수

13-1. 수학 함수 ·································251
13-2. 함수 ····································254
13-3. 재귀 함수 ·································256

CHAPTER 14 순차 파일처리

14-1. 파일 처리 개요 ·································· 265
14-2. 순차파일 쓰기 ·································· 268
14-3. 순차 파일 읽기 ································· 270
14-4. 순차파일 추가 ·································· 272
14-5. 순차파일 병합 ·································· 274
14-6. 순차파일 행으로 읽기 ························· 276

CHAPTER 부록

1. 아스키(ASCII) 코드 ······························· 285
2. 데이터 형식 ···································· 288
3. 1~100 숫자 ··································· 293
4. 수의 진법 ····································· 294
5. 참고문헌 ······································ 301

CHAPTER 01

알고리즘 개요

학습목표

 이 장에서는 알고리즘 전반에 관한 내용 및 비주얼 C++6.0 사용법에 관해 기술한다. 알고리즘의 정의와 순서도의 관계, 순서도의 기본기호, 프로그램의 기본구조를 학습한다.
 순서도의 개념과 작성방법 및 프로그램의 기본 구조인 순서, 선택, 반복구조에 관하여 기술한다. 비주얼 C++6.0을 처음 사용하는 경우에도 이해 할 수 있도록, 실습위주로 프로그램이 소개되어 있다.

이 장의 구성

1-1. 알고리즘과 순서도
1-2. 순서도의 기본 기호
1-3. 순서도의 기본 구조
1-4. 비주얼 C++6.0 사용법
1-5. 변수와 출력문

1-1 * 알고리즘과 순서도

프로그래밍은 어떤 문제를 효율적으로 처리하기 위한 체계적인 절차가 필요하며 문제를 해결하기 위해서는 다음과 같은 4단계를 거친다.

■ 1단계 : 문제분석

처리해야 할 문제가 무엇인지를 명확히 정의, 분석한다.

■ 2단계 : 문제 해결 방안

처리해야 할 문제를 해결하기 위한 여러 가지 방법을 비교, 분석하여 최선의 방법을 결정한다. 이 최선의 방법이 알고리즘(algorithm)이며 이를 표현 하는 방식 중에서 가장 많이 사용하는 것이 순서도(flow chart)이다.

■ 3단계 : 프로그램 작성 및 입력

해당 문제를 처리하기 위하여 적합한 프로그래밍 언어를 선택하여 순서도를 참고 하며 프로그램을 작성하고 입력한다.

■ 4단계 : 실행 및 오류 수정

프로그램을 실행하여 보면 문법적인 오류와 논리적인 오류가 발생 할 수 있다. 문법적인 오류는 컴파일러의 도움으로 일반적으로 정리가 되며 논리적인 오류는 프로그래머가 순서도를 다시 분석하면서 오류를 수정 할 수 있다.

1-2 ✳ 순서도의 기본 기호

순서도의 기호는 국제 표준화 기구(ISO : International Standard Organization)에서 정한 표준 기호를 사용한다. 순서도에서 많이 사용 되는 기본 기호와 의미는 표 1.1과 같다.

[표 1.1] 순서도 기호

기호	명칭	의미
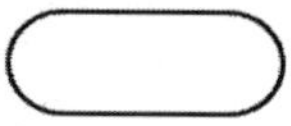	단말(terminal)	순서도의 시작과 끝을 표시
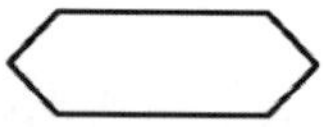	준비(preparation)	초기변수, 배열선언 등의 준비단계 표시
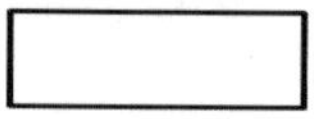	처리(process)	모든 처리 기능을 표시
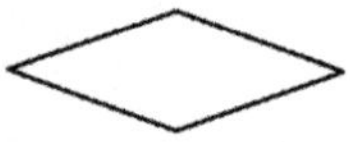	판단(decision)	비교, 판단 기능으로 선택 기능 표시
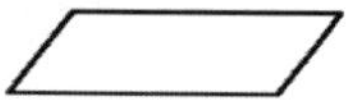	입출력(input/output)	입출력 데이터 표시 기능
	흐름선(flow line)	순서도 기호의 연결, 처리의 흐름을 표시
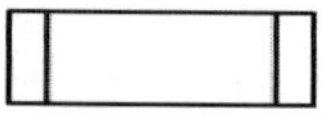	종속처리(predefined process)	미리 정의 된 서브루틴, 함수 표시
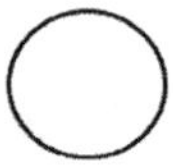	연결자(connector)	흐름의 연결 표시
	주석(comment)	추가적인 설명 표시

참고

순서도 작성 방법

1. 국제 표준화 기구에서 정한 기호를 사용한다.

2. 기호와 기호 사이는 흐름선으로 연결한다.

3. 방향은 가능하면 위에서 아래로, 왼쪽에서 오른쪽 방향으로 표시한다.

4. 흐름선을 가능하면 교차 되지 않도록 한다.

5. 필요한 경우 기호 외부에 주석을 표시한다.

6. 전체적인 과정을 쉽고 명확하게 나타내고 처리 과정을 간단명료하게 표시한다.

■ 순서도 작성의 실제

A, B 두 수를 입력하여 A, B 크기를 비교 하는 순서도 1.1을 살펴보자. 순서도의 시작과 끝을 표시하는 단말 기호, A, B의 초기 변수를 정의 하는 준비기호, A, B의 입력과 결과를 출력하는 입출력 기호, A, B를 크기를 판단하는 판단기호로 구성되어 위에서 아래로 흐름을 알 수 있다.

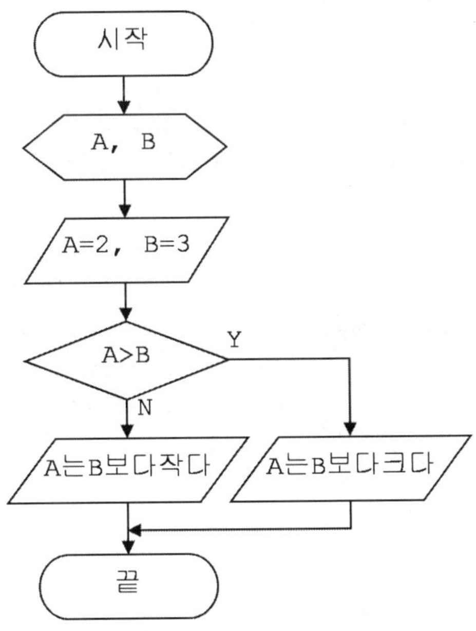

[순서도 1.1] 숫자 크기 비교

1-3 ✳ 순서도의 기본 구조

일반적으로 프로그래밍을 이용하여 문제를 해결하기 위해서는 3가지 논리가 필요하며 이 3가지 논리는 순서논리, 선택논리, 반복논리이며 프로그래밍 한다는 것은 이 3가지 논리를 이용하여 문제를 해결 할 수 있다는 것을 의미한다.

1. 순서구조

순서구조는 프로그램이 실행 될 때 순차적으로 실행된다는 의미이다.

예를 들어 2개 숫자의 합과 평균을 구하여 보자.

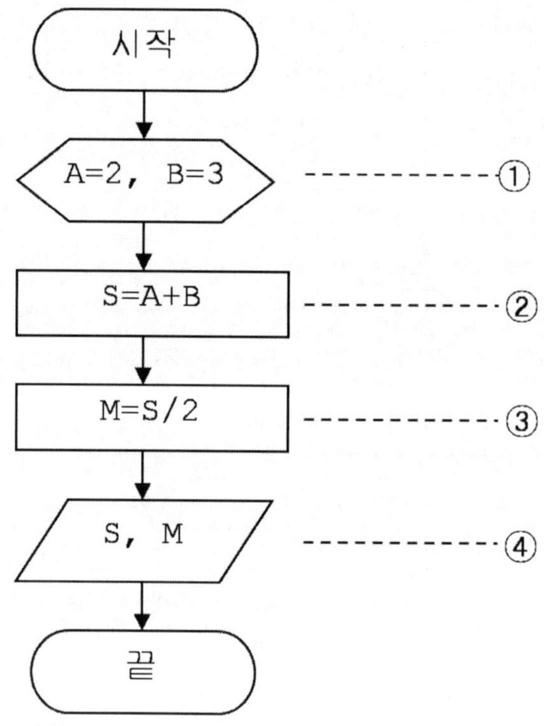

[순서도 1.2] 2개 숫자의 합과 평균

순서도 1.2는 순서구조의 예가 된다. ①에서 데이터를 초기화 하고 ②에서 합을 구하며 ③에서 평균을 구하고 ④에서 합과 평균을 출력한다. 이 4개 처리의 순서가 바뀌는 경우에는 원하는 결과를 얻을 수 없으며 전혀 예측하지 못한 결과가 출력되어 에러가 된다. 순서에 따라 실행되는 것을 순서 구조라 한다.

2. 선택구조

선택구조는 조건의 결과에 따라 처리해야 할 일이 다른 경우를 의미한다. 예를 들어 입력된 수가 짝수인지 홀수인지를 판단하여 짝수이면 "짝수", 홀수이면 "홀수"를 출력하여 보자.

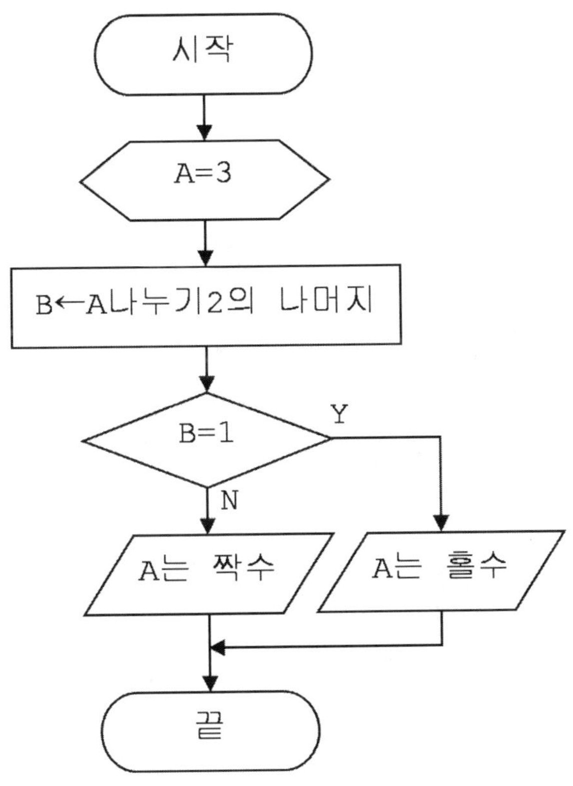

[순서도 1.3] 짝수 · 홀수를 판단

순서도 1.3은 선택 논리의 예가 된다. 짝수, 홀수의 판단은 어떤 수를 나누기 2 하여 나머지가 1이면 홀수, 나머지가 0이면 짝수이며 짝수, 홀수가 구분되지 않는 숫자는 없으므로 명확하다. 만약 B=1이면 "A는 홀수"가 선택 되고 B=0이면 "A는 짝수"가 선택되어 출력이 된다. 이와 같이 프로그램에서 선택하며 결정하는 것을 선택구조라 한다.

3. 반복구조

반복구조는 어떤 조건을 만족하는 동안 같은 처리를 반복하여 실행하는 구조이다.

예를 들어 1~5 까지의 합을 구하여 보자
1~5까지 변하는 수는 i 변수에 합은 s 변수로 사용하자

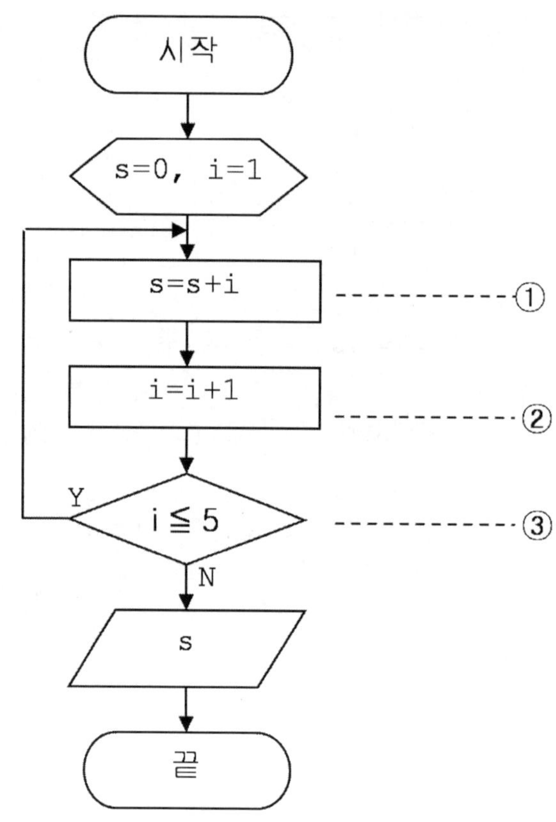

[순서도 1.4] 1~5의 합

순서도 1.4에서 반복되는 부분은 ①, ②이며 조건③을 만족하면 반복하며 이 조건을 잘

못 설정하면 (예를 들어 i>0) 무한 반복할 것이다. 조건 ③에서 i≤5 이므로 i=1, 2, 3, 4, 5까지 조건을 만족 하므로 ①, ②가 5번 반복이 되며 i=6이 되면 합 s가 출력된다. 이와 같이 어떤 조건을 만족 하는 동안 같은 처리를 반복하는 것을 반복구조라 한다.

프로그램을 작성하는 경우 순차구조, 선택구조, 반복구조를 적절하게 활용하여 문제를 해결하는 최선의 방법에 해당하는 알고리즘을 찾고 순서도를 작성하면 된다.

1-4 ❋ 비주얼 C++6.0 사용법

C 언어를 이용하여 이 책에 있는 프로그램을 실행하기 위한 최소기능을 살펴보자. C 언어를 잘 알기 위해서는 별도의 C 언어에 관련된 책으로 공부를 해야 하지만 이 책에 있는 프로그램을 실행하기 위해서는 본 절에 있는 내용만 이해하고 실행하여 보면 가능하다.

Microsoft Visual C++6.0을 실행하기 위해서는 다음 12단계 과정이 필요하며 2 부분으로 나누어 볼 수 있다.

1. 1~10 단계까지의 과정이며 첫 번째 프로그램을 실행하는 과정이 되며 처음으로 비주얼 C 를 사용 하는 경우 이 과정을 여러 번 반복하여 따라 하기만 하면 흐름을 파악할 수 있다.

2. 11~12 단계이며 첫 번째 프로그램을 실행 한 뒤 두 번째 프로그램부터 실행 하는 과정이 되며 1~6 단계가 필요 없는 상태가 되므로 프로그램을 입력하고 실행까지의 시간을 단축할 수 있으며 프로그램의 실습이 대단히 편리하다.

1 단계. Visual Studio 6.0에서 Visual C++ 6.0 실행

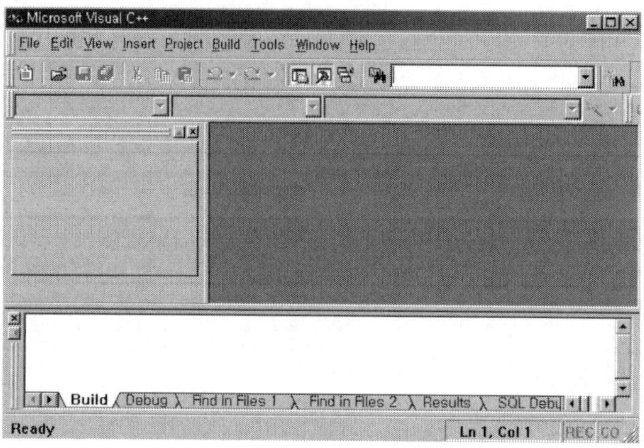

2 단계. [File]−[New] 선택

1 단계 초기 화면에서 작업 공간을 마련하기 위해 메뉴에서 [File]-[New]를 선택한
다.

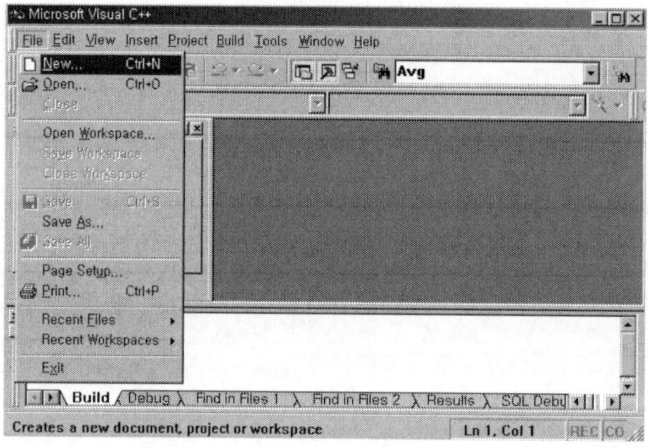

3 단계. Project 종류, 이름, 위치 선택

작업공간에서 어떤 종류의 응용 프로그램을 개발 할 것을 선택하는 `Projects'에서
`Win32 Console Application'을 선택하고 `Project Name'에서 `test'를 입
력하자.

`Location'을 살펴보면 'c:\TEMP\test'가 자동생성이 되며 이 폴더 하단에 프로
그램을 입력하는 것이 된다.

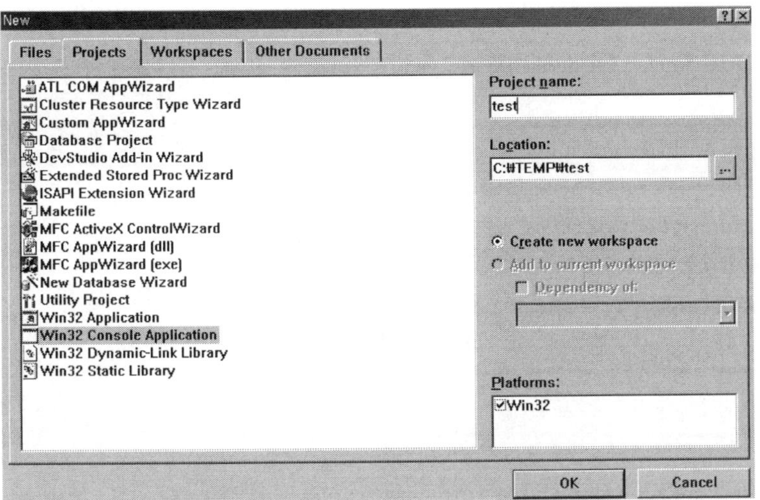

4. Console Application의 종류 선택

'An Empty project'를 선택하고 'Finish'를 클릭한다.

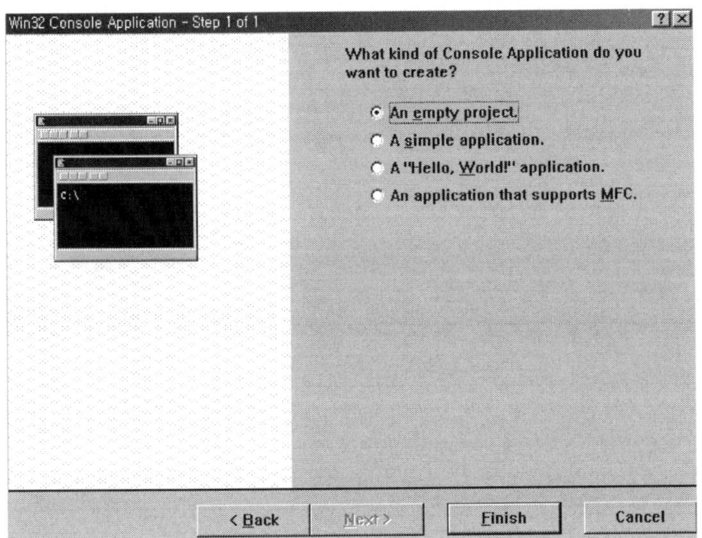

5 단계. Console Application의 확인

'Win32 console Application'에서 'Empty console application'이 선택
이 되었고 하단에서 폴더가 'c:\TEMP\test'임을 알 수 있다. 'OK'를 클릭하자.

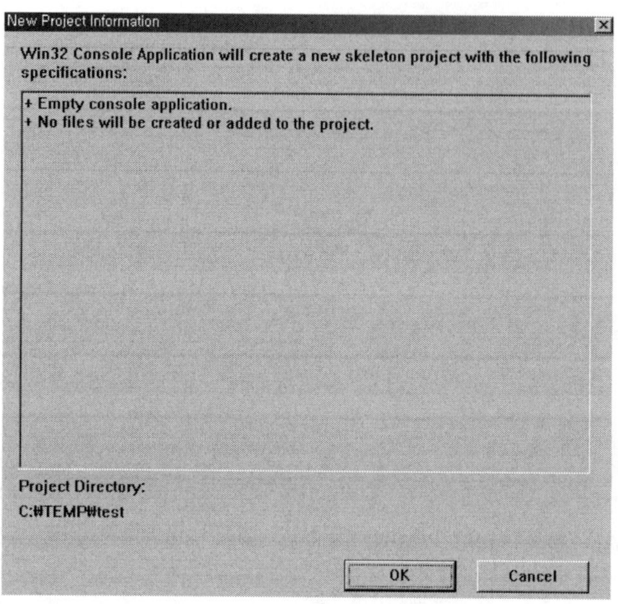

6 단계.다시 [File]−[New] 선택 − 파일명

다시 메뉴 바에서 [File]−[New]를 선택하여 'Files'를 선택하고 'Text File'을 선택
하자. 'File'에서 'p01−1.c'를 입력하자. 'p01−1.c'에서 01은 1장, 1은 첫 번째 프로그
램을 의미한다.

여기서 '~.c'는 C++프로그램이 아니고 C 프로그램임을 알려주는 중요한 부분이 된
다. 'Location'에서 'c:\TEMP\test' 폴더에 이 프로그램이 있음을 알 수 있다.

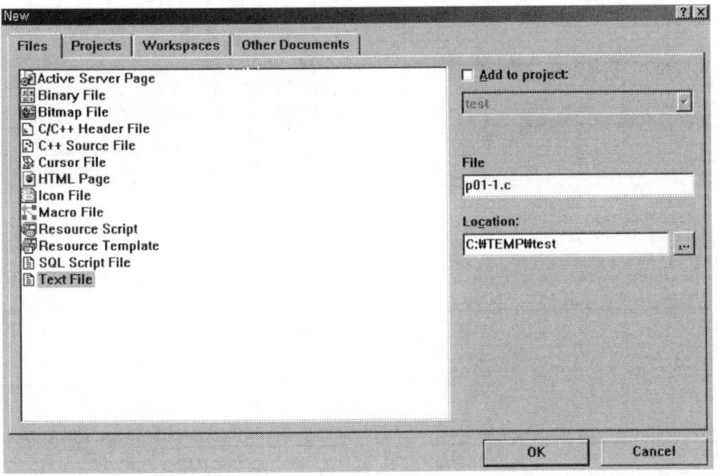

7 단계. 프로그램 입력

프로그램을 입력 할 공간이 있으며 다음 프로그램을 입력하자.

```c
/* p01-1.c */
#include <stdio.h>
void main()
{
    int a;
    a = 3;
    printf("%d \n", a);
}
```

/*와 */ 사이에 설명문을 기술 할 수 있고 void main() 아래의 '{' 와 '}' 사이가 프로그램이 된다. int a;부터 3문장은 끝이 ';' 이며 문장의 끝임을 알 수 있다. #include 끝에는 ';' 이 없다.

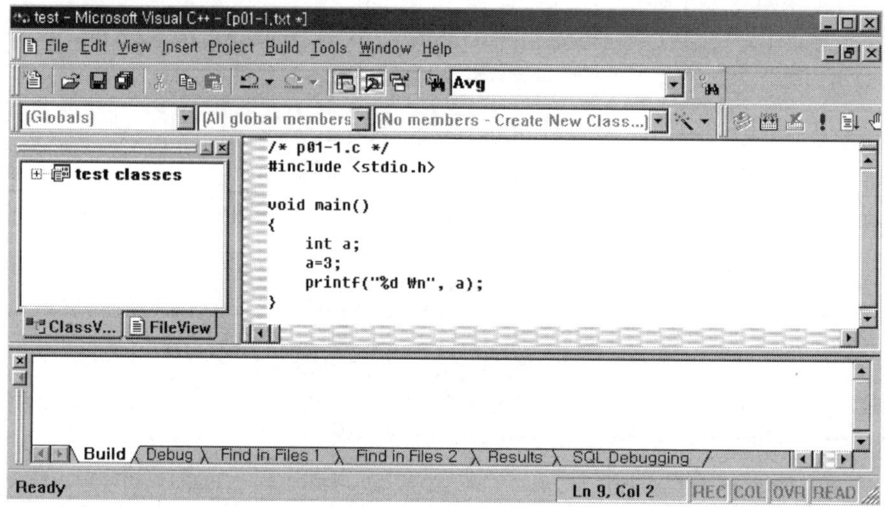

8 단계. 컴파일

프로그램 입력 공간 오른쪽 위에 풍선도움말 'Compile(Ctrl+F7)'에 해당하는 버턴을
클릭하면 하단에 컴파일 결과가 표시된다. 0 error(s)이므로 에러가 없는 상태이다. 에러
가 있으면 프로그램을 수정하고 다시 컴파일 하면 된다.

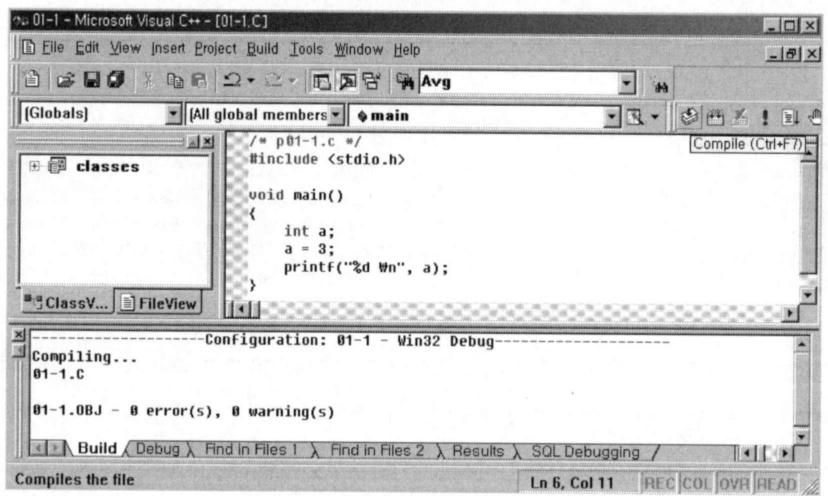

9 단계. 링크

프로그램 입력 공간 오른쪽 위에 풍선도움말 'Build(F7)'에 해당하는 버턴을 클릭하면
하단에 링크 결과가 표시된다. 0 error(s)이므로 에러가 없는 상태이다. 링크는 컴파일 한
여러 개의 결과를 1개 실행 파일로 만드는 과정이다.

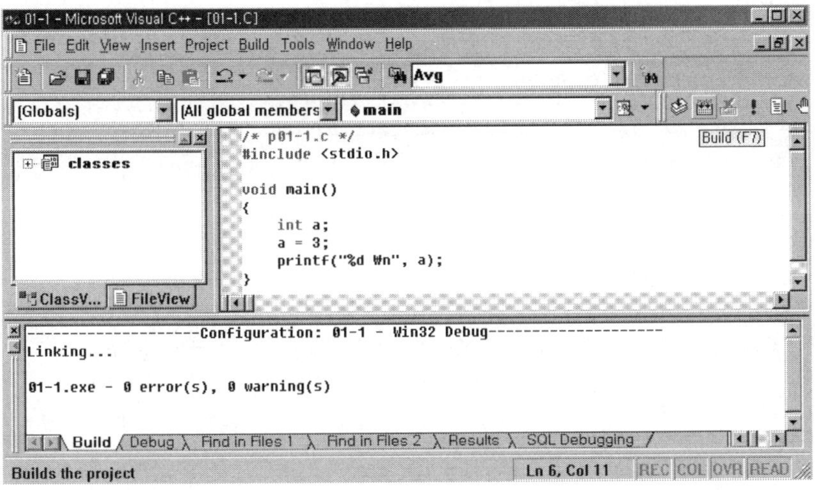

10 단계. 실행

 프로그램 입력 공간 오른쪽 위에 풍선도움말 'Execute Program'에 해당하는 버턴을 클릭하면 실행 결과가 표시되며 실행결과는 '3'을 검은색 창에서 확인 할 수 있고 본 교재에서는 윈도의 '그림판' 프로그램에서 [이미지]-[색 반전] 기능을 이용하여 검은색 부분을 흰색으로 처리 하였다.

 Visual C++6.0에서 처음 실행한 프로그램이 되고 실행 결과는 실행 창에 '3'을 출력하는 것이 된다.

실행창 색상 반전

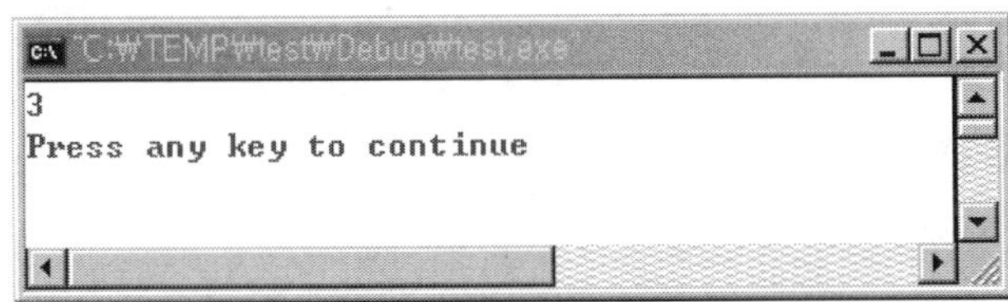

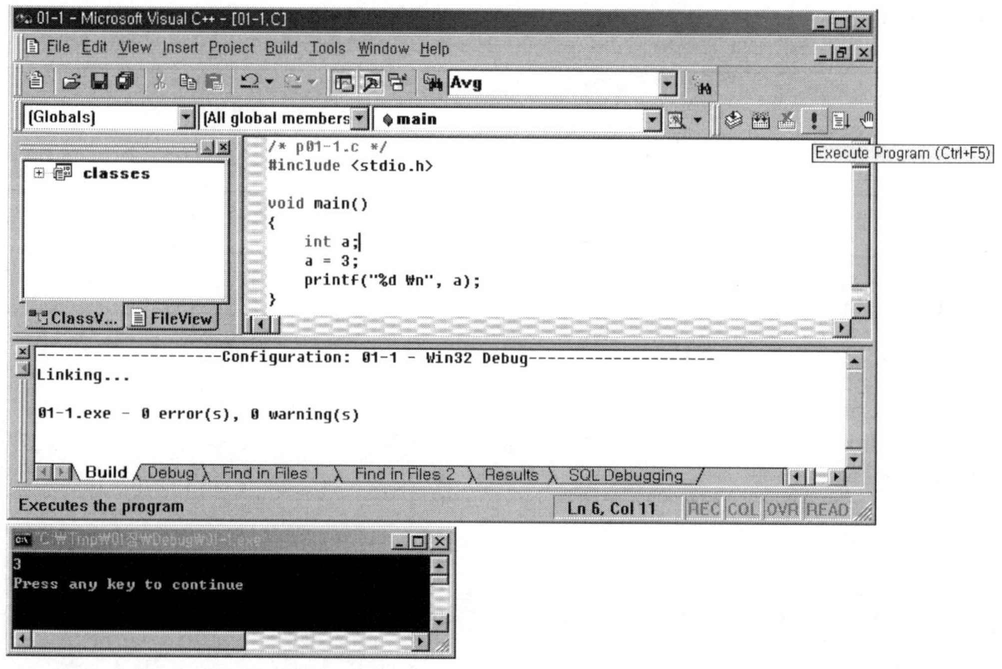

11 단계. 2번째 프로그램 실행

2번째 프로그램을 실행하기 위하여 'p01-1.c'를 복사를 하면 '사본-p01-1.c'가 생성이 된다. 이 사본을 'p01-2.c'로 파일 이름을 변경하여 'p01-2.c'에서 마우스를 더블클릭하면 실행을 바로 시킬 수 있으며 프로그램을 수정 할 수 있으므로 1~6까지의 과정이 필요 없으므로 편리하게 프로그램을 실행 할 수 있다.

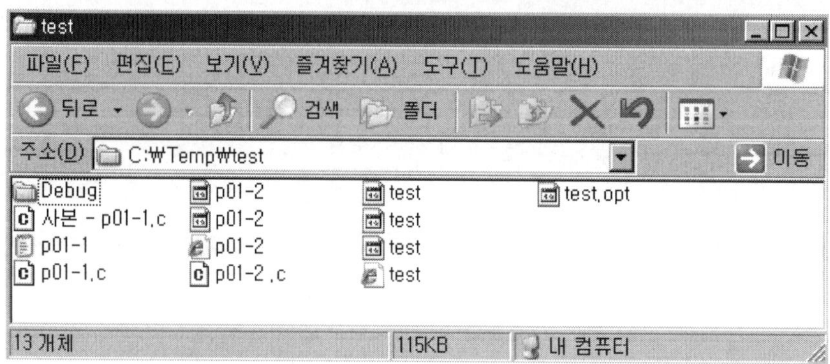

12 단계. 변경한 'p01-2.c'를 더블클릭

'p01-2.c'을 더블클릭하면 Visual C++6.0 실행창이 열린다. /* */의 내용을 p01-2.c로 수정을 하고 a=3; 을 a=1로 수정하여 컴파일, 링크, 실행을 하여 보자.

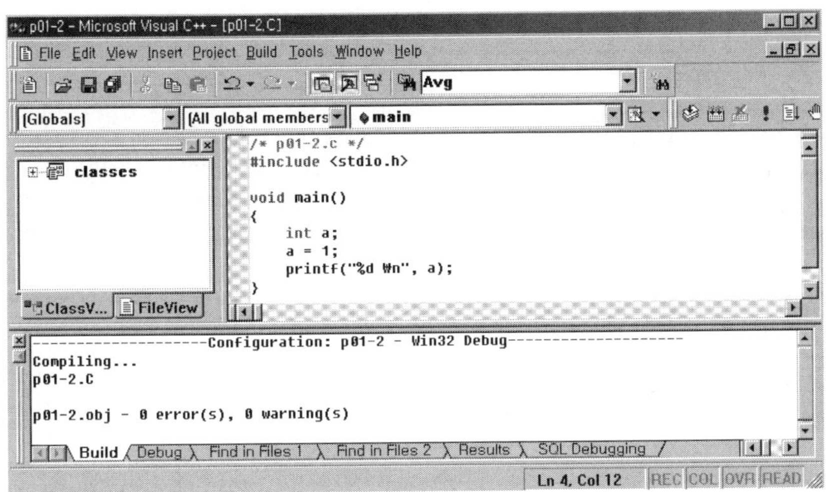

1-5 변수와 출력문

변수란 프로그램을 실행할 때 데이터를 저장하기 위한 기억장소의 이름을 의미하며 프로그램 실행 중에 그 값을 변경시킬 수 있다. C 언어에서는 다음과 같이 변수를 선언한다.

> **문법** 자료형 변수명; 또는 자료형 변수명=초기 값;

[예] int a;
     int inta=3;
     int a, inta=3;

위에서 a, inta 라는 변수를 정수형으로 선언할 수 있다. a, inta 를 각각 선언할 수도 있고 int a, inta=3 와 같이 2개 이상의 변수를 1문장에 선언이 가능하다. C언어에서는 변수의 대문자, 소문자를 구별하며 a, A는 다른 변수가 된다.

데이터 형은 정수형, 실 수형, 문자형 외에도 여러 종류의 데이터 형이 있으므로 부록 2. '데이터의 형식'을 참고 할 수 있다. 정수형은 소수점이 없는 숫자, 실 수형은 소수점이 있는 숫자, 문자형은 주소, 이름 등 과 같은 문자형 데이터, 논리 형은 참(true), 거짓 (false) 형식인 데이터이지만 정수형으로 처리를 한다.

- 정수형int a;
-         int b=(5>3); (논리형)
- 실 수형   float f;
-         double d;
- 문자형char ch1='c';
-         char str[4]="abcd";

순서도 1.5에서 a, inta는 정수, d는 double형 실수, s는 문자형 선언하여 프로그램 p01-2.c와 같이 입력하여 실행하여 보자.

프로그램에서 printf 문을 살펴보면 프로그램에서 a, inta, A, d를 연속으로 출력하며 형식지정은 정수인 경우는 "%d"이고 실수인 경우는 "%f" 이다.

다음 문장에서는 "%d" 가 뛰어지지 않았기 때문에 변수 출력이 공백 없이 연결되어 데이터를 구분할 수 없다.

```
printf("%d%d%d%f\n", a, inta, A, d);    /* 정수는 d */
```

다음 문장에서는 "%d" 가 뛰어져 있기 때문에 출력 데이터를 쉽게 구분할 수 있으며 'Wn'은 다음 출력을 다음 행에 출력하라는 의미가 된다.

```
printf("%d %d %d %f \n \n", a, inta, A, d);  /* 실수는 f */
```

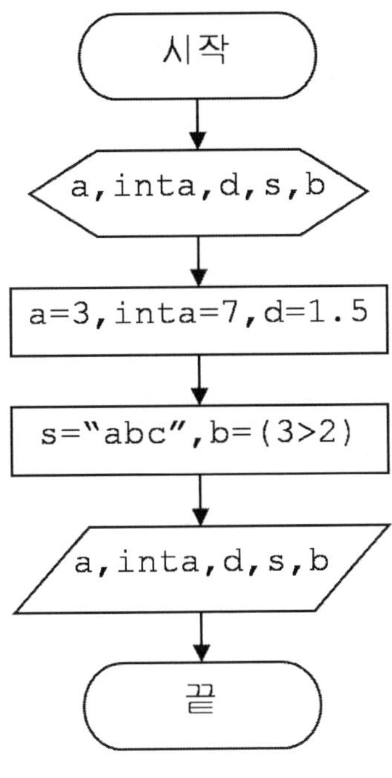

[순서도 1.5] 변수 출력

| 'p01-2 |

```c
/* p01-2.c */
#include <stdio.h>
void main()
{
    int a;
    int inta;
    int A;

    float d;

    char ch='c';      /* 1개 문자 */
    char s[4]="abc";   /* 여러 개 문자이므로  string */

    int b1;            /* 논리형 값 보관 , 이 부분에 설명문 기술 */
    int b0;
```

```c
    a = 3, inta = 7;    /* 정수 */
    A = 5;                  /* a, A는 다른 변수로 취급 */

    d = 1.5;                /* 실수 */

    b1 =  3 > 2;        /*   참이므로 1 */
    b0 = (3 > 5);       /* 거짓이므로 0 */

    printf("%d%d%d%f\n", a, inta, A, d);    /* 정수는 d */
    printf("%d %d %d %f \n \n", a, inta, A, d);  /* 실수는 f */

    printf("  %d  %d  %d  %f  \n", a, inta, A, d);

    printf("%c %s \n", ch, s);  /* 1개 문자는 c, 여러 개 문자는 s */

    printf("%d", b1);
    printf(" %d \n", b0);
}
```

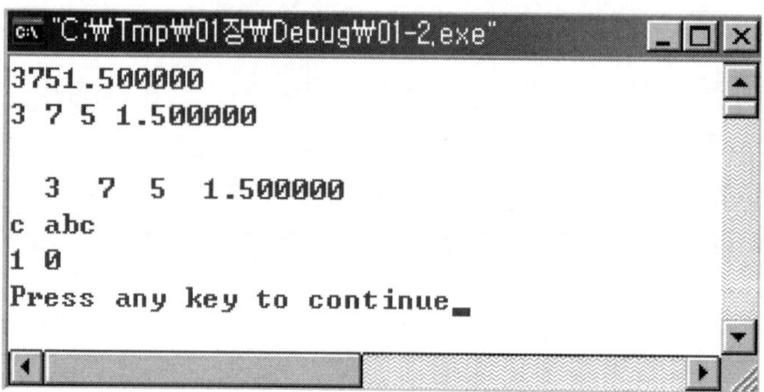

연습문제 EXERCISES

1-1 다음 순서도의 프로그램을 작성하고 실행결과는 무엇인가?

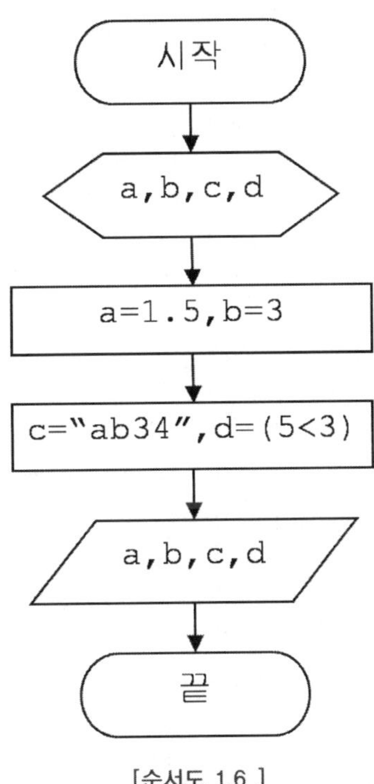

[순서도 1.6]

다음 순서도의 프로그램을 작성하고 실행결과는 무엇인가?

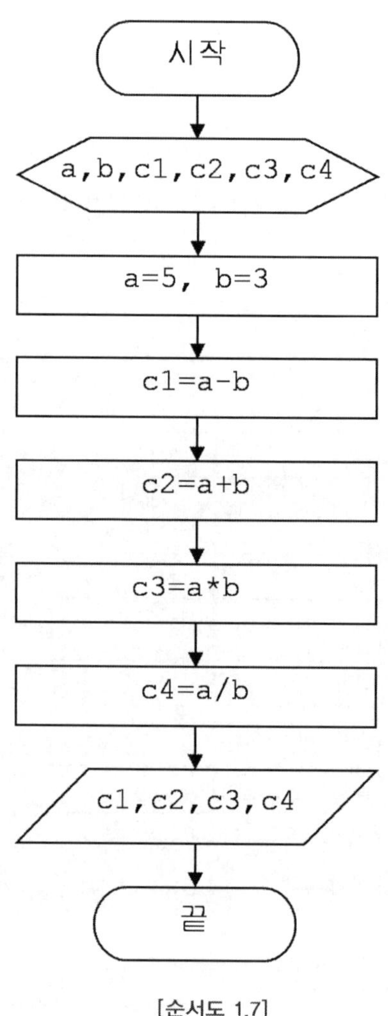

[순서도 1.7]

1-3 다음 순서도의 짝수, 홀수를 구분 하고자 한다. 짝수인 경우에는 "A는 짝수", 홀수인 경우에는 "a는 홀수"를 출력하기 위해서는 ①, ②에 해당하는 출력문은 무엇인가?

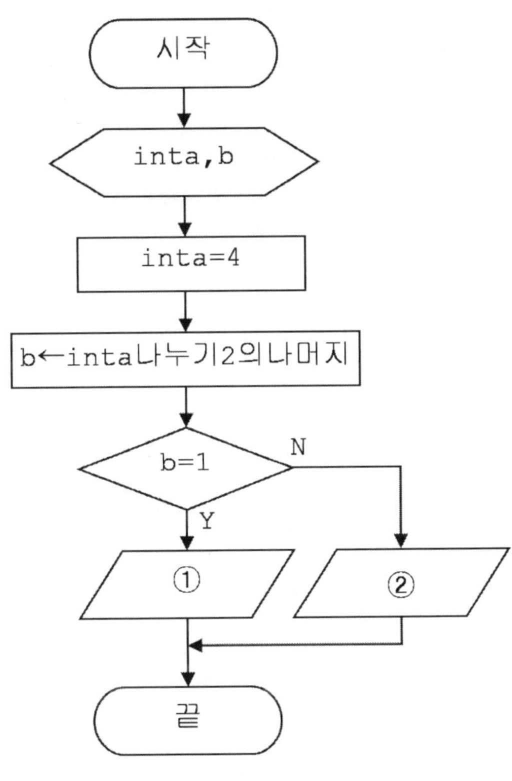

[순서도 1.8]

다음 순서도에서 출력결과는 무엇인가

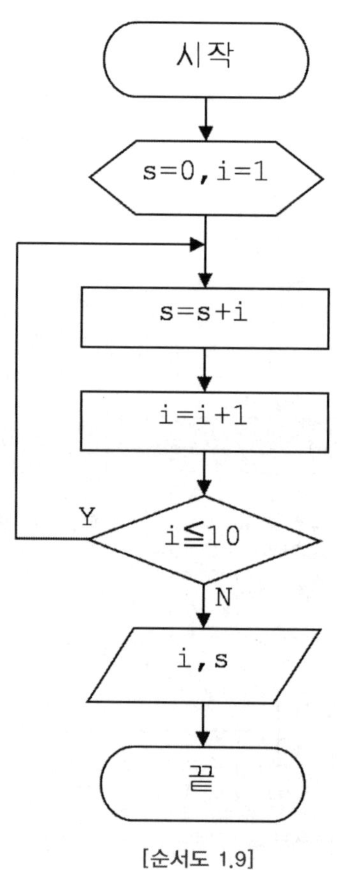

[순서도 1.9]

CHAPTER 02

순차구조

학습목표

이 장에서는 프로그램의 기본 구조인 순차구조에 관해 기술한다.

순차구조를 이해하면서 프로그램에서 입출력 방법 및 산술 연산자를 학습한다. 프로그램의 기본 명령인 절대치(abs), 정수(int), 제곱근(sqrt), 나머지(%), 난수(rand)를 이해하면서 프로그램 입력과 실행을 반복하여 순차구조에 대해 숙달한다.

이 장의 구성

2-1. 입출력문
2-2. 산술연산자
2-3. 절대치(abs)
2-4. 정수(int)
2-5. 제곱근(sqrt)
2-6. 나머지(%)
2-7. 난수(rand)

2-1 ✳ 입출력문

컴퓨터에서 키보드를 이용하여 데이터를 입력 하거나 모니터와 프린터 등으로 출력하는 경우를 입출력이라 한다.

컴퓨터를 이용하여 계산하거나 특정한 문제를 처리 하려고 하면 대상이 되는 값이 있어야 하므로 이 대상을 키보드나 하드 디스크 등을 입력으로 하며 컴퓨터에서 처리된 결과를 모니터나 프린터에 출력하여 확인할 수 있다.

표 2-1은 C언어에서 사용되고 있는 입출력 명령어의 예가 된다.

[표 2.1] 입출력 명령어

구분	명령어	사용 예	의미
입력문	scanf	scanf("%d", &a);	변수 a에 입력
출력문	printf	printf("%d", a);	변수 a를 출력

표 2.1의 입력문과 출력문을 실행하면 scanf 명령으로 변수를 입력 할 수 있는 윈도의 창이 열리고 만약 5를 입력하면 a=5가 되며 이 값은 printf 출력명령에 의해 화면에 5가 출력이 되어 C언어를 이용하여 키보드에서 입력을 하고 컴퓨터에서 처리된 결과를 모니터에서 확인 할 수 있는 입출력 명령이 된다.

scanf 명령으로 입력된 데이터는 형식지정이 "%d" 이므로 10진 정수 데이터가 입력이 되어야 한다. 여기서 scanf에서 데이터 입력 변수가 a에서 '&a'로 되어 있어 '&'가 있음을 유의하고 scanf 명령에서 수치변수에는 '&'가 필요하다. C 언어의 규칙이라고 생각하자. 문자열을 입력하는 경우에는 scanf("%s", str); 이며 scanf에서 문자열인 경우에는 변수 앞에 '&'를 추가할 필요가 없다.

    printf("%d", a); 명령으로 a의 값을 형식지정이 "%d" 이므로 10진 정수 형태로 출력이 된다.

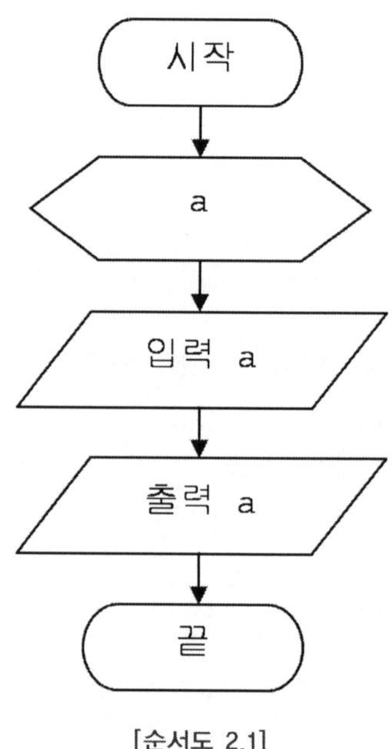

[순서도 2.1]

'p02-1

```c
/* p02-1.c */
#include <stdio.h>
void main()
{
  int a;
  char str[10];

  printf("변수 값은?");

  scanf("%d", &a);
  printf("%d \n", a);

  printf("문자 변수 값은?");

  scanf("%s", str);
  printf("%s \n", str);
}
```

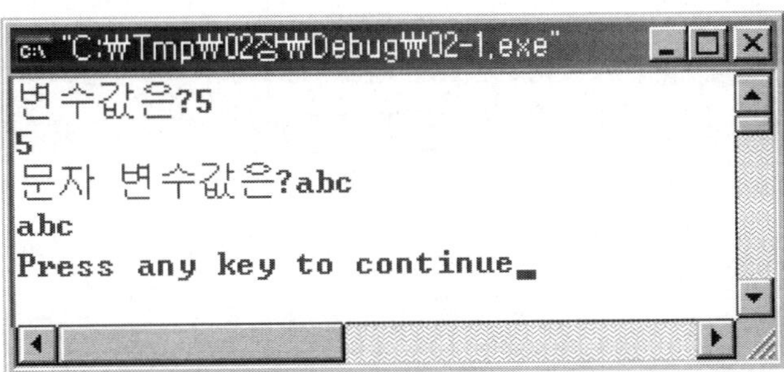

산술연산자는 사칙연산(+, −, *, /)을 위해 사용되는 부호를 의미하며 프로그래밍에서는 +(덧셈), −(뺄셈), *(곱셈), /(나눗셈)이다. 표 2.2는 연산자(+, −, *, /)의 예가 된다. 표에서 수학함수인 pow(거듭제곱)는 E=pow(5, 3)로 사용되며 5^3을 의미한다.

[표 2.2] 연산자와 수식 표현

연산	기호	사용 예
덧셈	+	A = 5 + 3
뺄셈	−	B = 3 − 5
곱셈	*	C = 5 * 3
나눗셈	/	D = 5 / 3
거듭제곱	pow	E = pow(5, 3) = 5^3

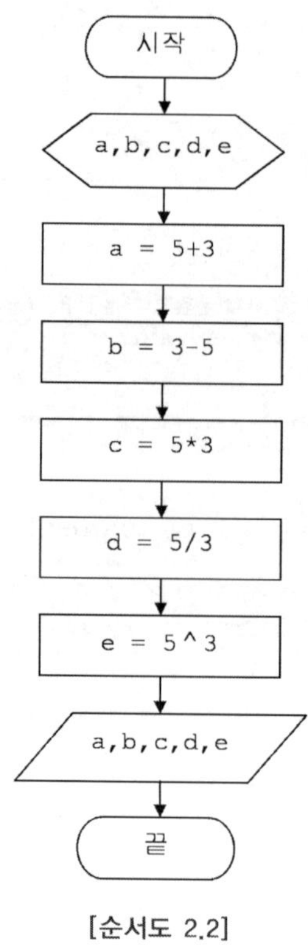

[순서도 2.2]

```c
/* p02-2.c */
#include <stdio.h>
#include <math.h>        /* 수학함수 pow에 의해 필요 */

void main()
{
    int a, b, c, e;
    float d;

    a = 5 + 3;
    b = 3 - 5;
    c = 5 * 3;
    d = 5.0 / 3;
    e = pow(5, 3);

    printf("%d %d %d %f %d", a, b, c, d, e);
    printf("\n");

    d = 5 / 3;
    printf("%d %d %d %f %d \n", a, b, c, d, e);
}
```

　abs(x)명령은 입력된 x의 절대 값을 계산해 준다. x의 값이 양수, 음수 관계없이 양수의 값으로 계산해 주며 abs(5)또는 abs(−5)인 경우 각각 계산은 동일한 5가 되며 실수인 경우에는 fabs를 사용한다.

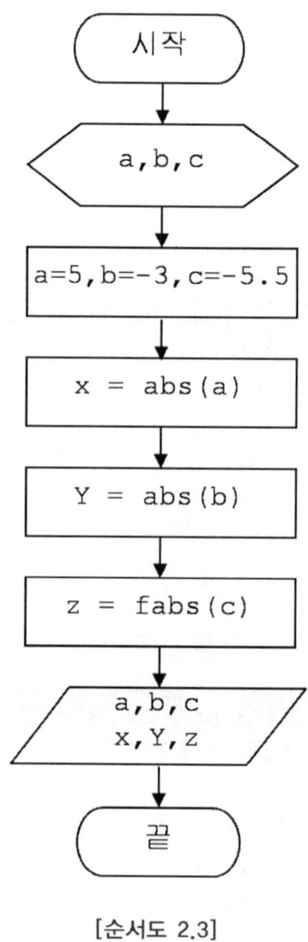

[순서도 2.3]

'p02-3

```c
/* p02-3.c */
#include <stdio.h>
#include <math.h>

void main()
{
    int a, b, x, y;
    double c, z;

    a = 5; b = -3; c = -5.5;

    x = abs(a);
    y = abs(b);
    z = fabs(c);

    printf("%d %d %f \n", a, b, c);

    printf("%d %d %f \n", x, y, z);
}
```

정수(int)

(int)연산자는 입력된 x에서 소수점 이하의 값을 제거한 정수 값을 계산해 준다. (int)(5.2)이면 5가 되고 음수인 경우 int(−3.3)은 −3이 된다. (int) 연산자는 자료형을 변환시키는 기능이며 5.0/2.0=2.5 실수이며 이 경우 2.5의 정수부분이 2이므로 실수 2.5 에서 정수 부분인 2를 구할 수 있는 기능이 된다.

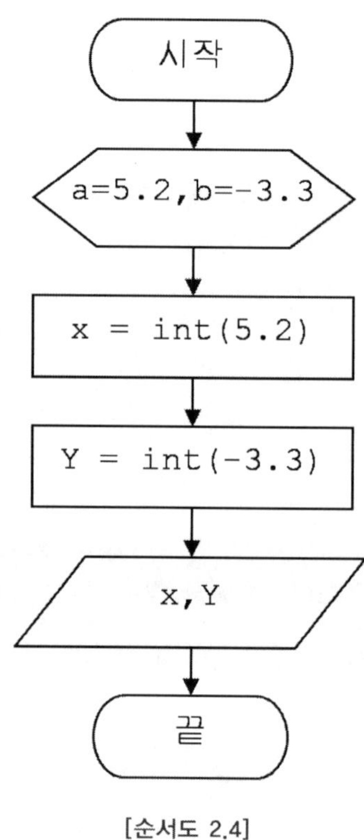

[순서도 2.4]

'p02-4

```c
/* p02-4.c */
#include <stdio.h>
#include <math.h>

void main()
{
    float a, b;
    int x, y;

    a = 5.2; b = -3.3;

    x = (int) a;
    y = (int) b;

    printf("%f %f \n", a, b);

    printf("%d %d \n", x, y);
}
```

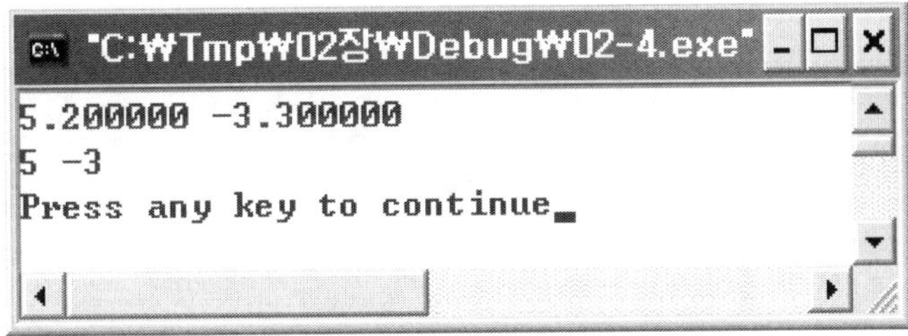

 제곱근(sqrt)

sqrt(x)명령은 x의 제곱근(square root)값을 계산해 준다. sqrt(9)는 3이 되고 sqrt(7)은 2.645…이 된다.

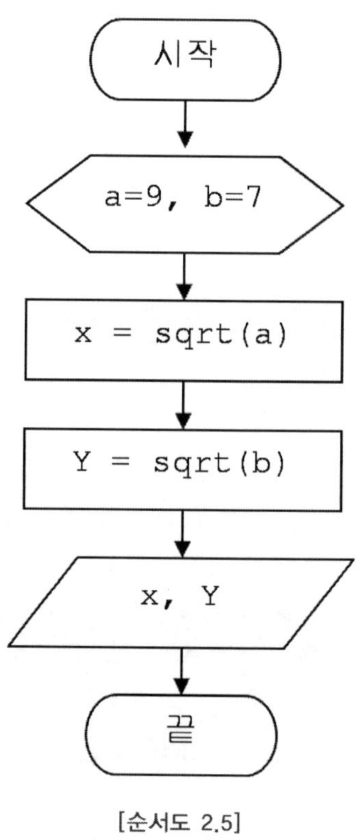

[순서도 2.5]

p02-5

```c
/* p02-5.c */
#include <stdio.h>
#include <math.h>

void main()
{
  int   a, b;
  float x, y;

  a = 9; b = 7;

  x = sqrt(a);
  y = sqrt(b);

  printf("%d의 제곱근은 %f \n", a, x);

  printf("%d의 제곱근은 %f \n", b, y);
}
```

2-6 ✶ **나머지(%)**

입력 데이터가 A, B인 경우 A % B 명령은 A를 B로 나눈 나머지를 계산해 주며 A=(4 % 2) 명령은 A=0이 된다.

나머지가 계산되는 기능을 이용하여 홀수, 짝수, 배수를 판단 할 수 있으며 만약 2로 나누어 나머지가 0이면 짝수, 2로 나누어 나머지가 1이 되면 홀수가 된다.

또한 3으로 나누어 나머지가 0이면 3의 배수가 된다.

[표 2.3 % 산술연산자의 실행 결과]

명령	결과	의미
A = 4 % 2	A = 0	4는 짝수
B = 5 % 2	B = 1	5는 홀수
C = 5 % 3	C = 2	5는 3의 배수 아님
D = 6 % 3	D = 0	6은 3의 배수

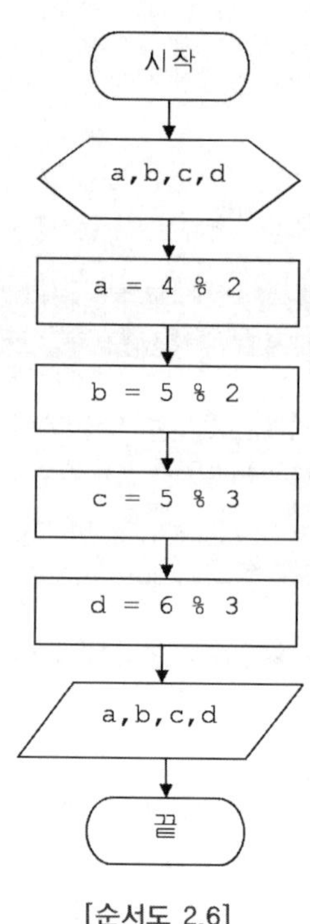

[순서도 2.6]

'p02-6

```c
/* p02-6.c */
#include <stdio.h>

void main()
{
    int a, b, c, d;

    a = 4 % 2;
    b = 5 % 2;

    c = 5 % 3;
    d = 6 % 3;

    printf("4/2의 나머지는 %d\n", a);

    printf("5/2의 나머지는 %d\n", b);

    printf("5/3의 나머지는 %d\n", c);

    printf("6/2의 나머지는 %d\n", d);
}
```

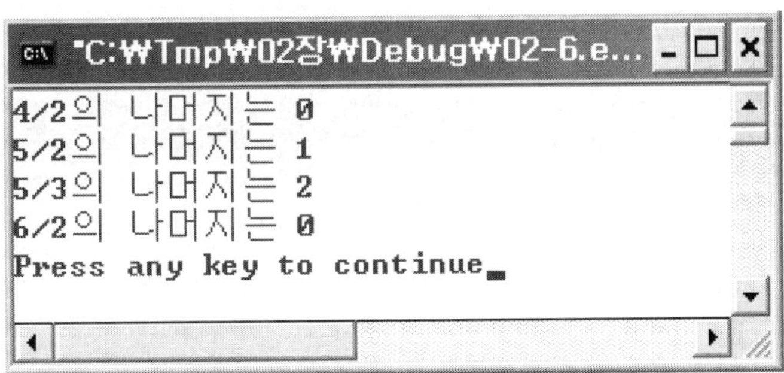

난수 명령 rand()는 0~32768사이의 정수를 반환한다. x=rand()/32768의 경우 0<x<1 사이의 실수가 발생되며 x는 0보다 크며 1보다 작은 수가 발생 된다.

[표 2.4] rand 명령 결과

명령	결과	의미
A = rand()/32768	0 < A < 1	A는 0과 1사이의 실수
B = A * 10	0 < B < 10	B는 0과 10사이의 실수
C = Int (A * 10)	0 <= C < 10	C는 0이상 10미만의 정수
D = Int(A * 10) + 5	5 <= D < 15	D는 5이상 15미만의 정수

표 2.4에서 D = (int)(A * 10) + 5 명령에서 rand, int 명령을 이용하여 5이상 15미만의 정수를 발생 시킬 수 있다.

만약 30이상 100미만의 정수를 난수로 발생하려면 최소치는 30이고 최대치는 100이므로 70=(100-30)이 범위의 수가 되고 최소치는 30이므로 다음 명령이 된다.

```
d = (int)(rand / 32768 * 70) + 30
```

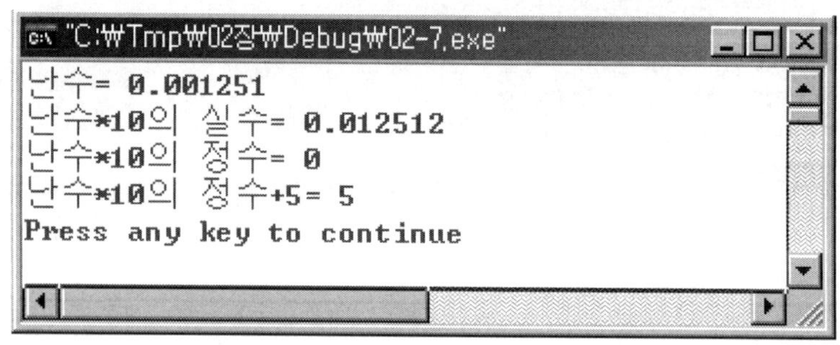

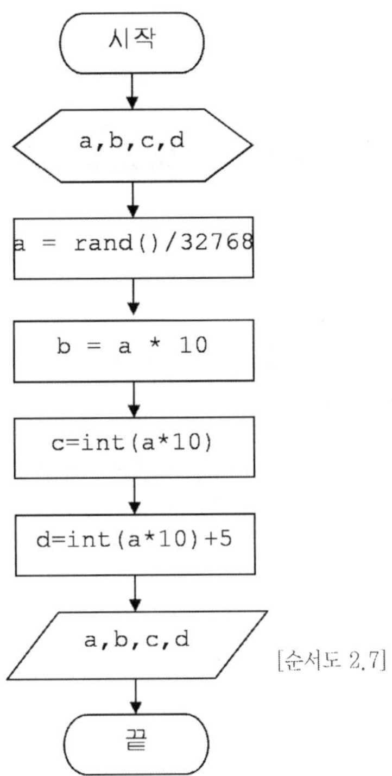

[순서도 2.7]

'p02-7

```c
/* p02-7.c */
#include <stdio.h>
#include <stdlib.h>
void main()
{   int c, d;
    float a, b;

    a = rand() / 32768.0;
    b = a * 10;

    c = (int)(a * 10);
    d = (int)(a * 10) + 5;

    printf("난수= %f \n", a);
    printf("난수*10의 실수= %f \n", b);
    printf("난수*10의 정수= %d \n", c);
    printf("난수*10의 정수+5= %d \n", d);
}
```

2-1 다음 순서도를 scanf 명령을 사용하여 입력창으로 데이터를 입력하고 실행하면 결과는 무엇인가?

a=5.5, b=-3.3, c=6.2, d=-2.3

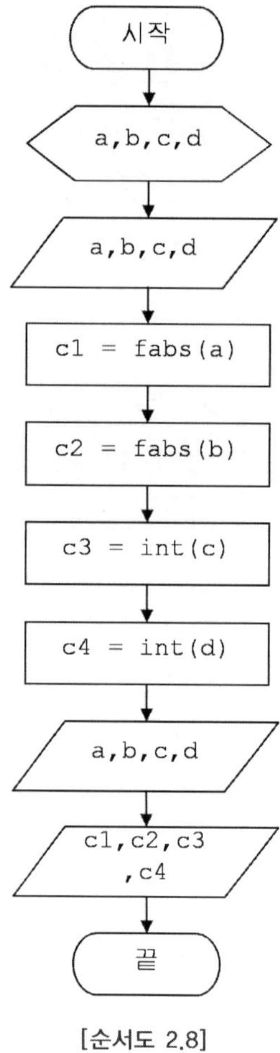

[순서도 2.8]

2-2 다음 순서도의 실행결과는 무엇인가?

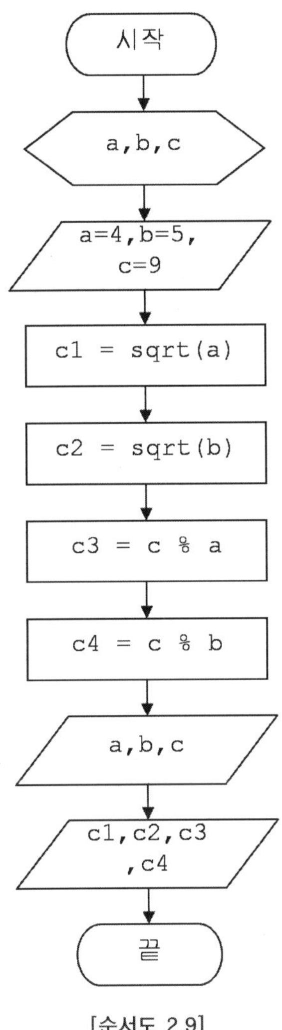

[순서도 2.9]

2-3 다음 순서도에서 d의 범위는 무엇인가?

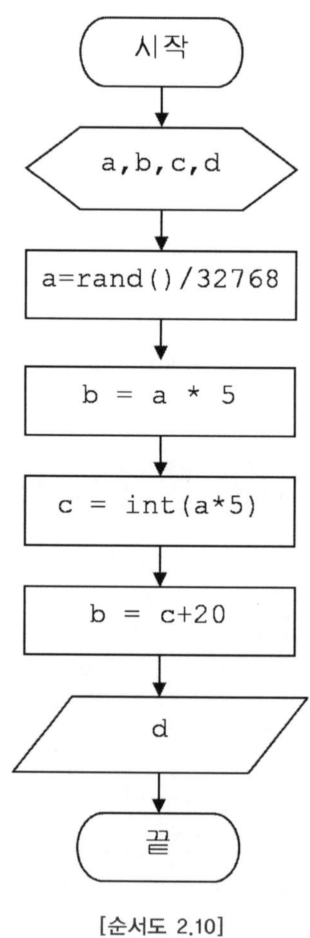

[순서도 2.10]

2-4 rand 명령을 이용하여 40≦x≦100 값을 발생하고자 한다.
해당번호의 값은 무엇인가?

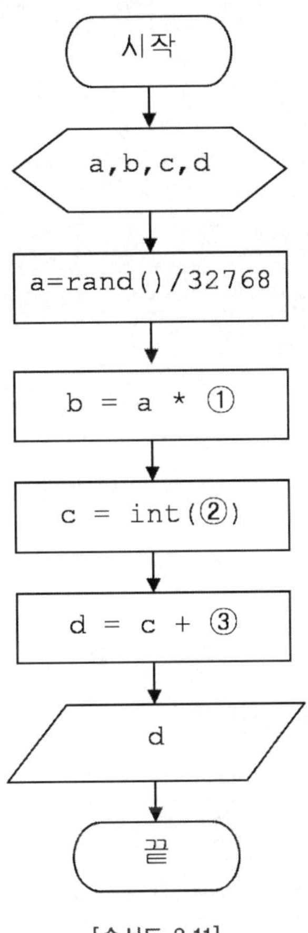

[순서도 2.11]

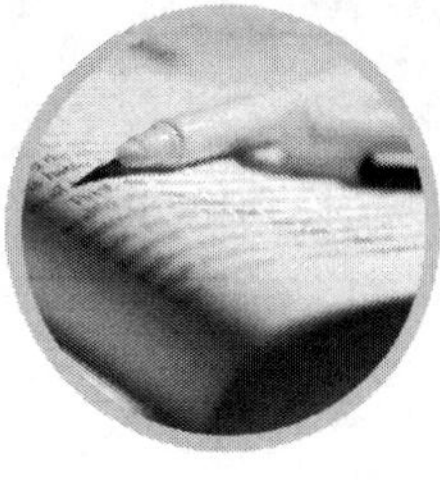

memo

알고리즘의 이해(2)

CHAPTER 03

선택구조

| CHAPTER 03 | 선택구조

이 장에서는 프로그램의 기본 구조인 선택구조에 관해 기술한
다.
선택구조는 프로그램의 흐름을 제어하는 기능이며 이에 관련된
관계 연산자, 논리 연산자를 이해하고 학습하며 선택구조에 관련
된 단순 if 문, 다중 if 문, switch case 문의 이해 및 사용방법에
관해 학습한다.

이 장의 구성

3-1. 관계 연산자와 논리 연산자
3-2. if 문
3-3. if~else 문
3-4. 다중 if 문
3-5. switch case 문

선택구조

3-1 관계 연산자와 논리 연산자

관계 연산자는 if 문과 같은 선택구조에서 피연산자를 비교 하는데 사용되며 연산의 결과는 참(true), 거짓(false) 으로 반환 된다. 관계 연산자는 수치 데이터, 문자 데이터, 논리 데이터 등에 대하여 크기를 비교 한다.

[표 3.1] 관계 연산자의 종류

관계 연산자	의미	사용 예
==	같다	3 == 5 결과 : False
!=	다르다	3 != 5 결과 : True
〉	크다	3 〉 5 결과 : False
〈	작다	3 〈 5 결과 : True
〉=	크다(이상)	3 〉= 5 결과 : False
〈=	작다(이하)	3 〈= 5 결과 : True

```c
/* p03-1.c */
#include <stdio.h>

int main()
{
    int a, b, c, d, e, f, g;
    char ch1='a';
    char ch2='b';

    a = (3 == 5);
    b = (3 != 5);
    c = (3 > 5);

    d = (3 < 5);
    e = (3 >= 5);
    f = (3 <= 5);

    g = (ch1 == ch2);

    printf("%d %d %d \n", a, b, c);

    printf("%d %d %d \n", d, e, f);

    printf("%d \n", g);

}
```

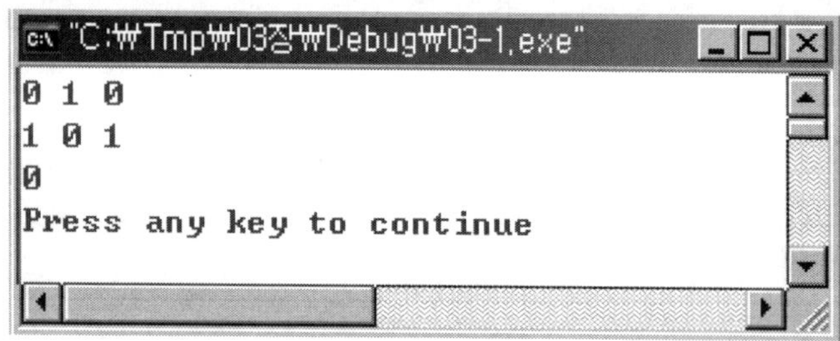

논리 연산자는 And, Or, Not 연산자가 있으며 피연산자의 논리 값을 비교하여 논리결과를 참(true), 거짓(false)로 반환된다.

[표 3.2] 논리연산자의 종류

논리연산자	의미	사용 예
&&	논리곱(두 값 모두 참일 때만 참)	(A > B) && (C < D)
||	논리합(두 값 중 하나라도 참이면 참)	(A > B) || (C < D)
!	논리부정(참이면 거짓, 거짓이면 참)	! (A > B)

표 3.2에서 A=1, B=2, C=3, D=4인 경우 And 논리연산은 거짓, Or 논리연산은 참, Not 논리연산은 참이 된다.

'p03-1-2

```c
/* p03-1-2.c */
#include <stdio.h>
void main()
{   int a, b, c, d, e;
    a = 1; b = 2; c = 3; d = 4;

    e = (a > b) && (c < d), printf("%d \n", e);

    e = (a > b) || (c < d), printf("%d \n", e);

    e = !(a > b), printf("%d \n", e);
}
```

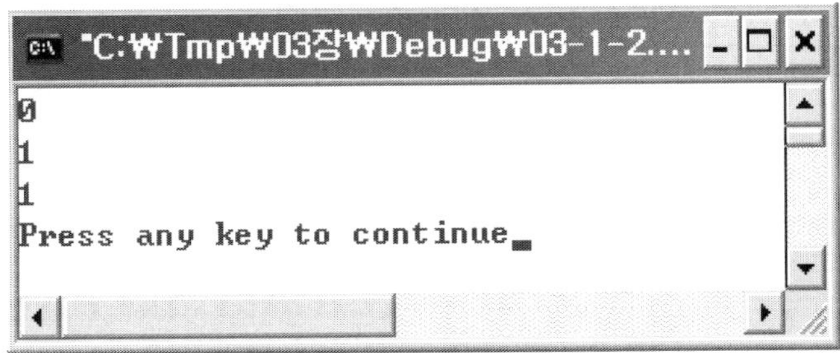

3-2 ✽ if 문

 if (조건식) 실행문장;

if 문은 조건식을 판단하여 조건식이 참이면 실행 문을 수행하며 프로그램의 흐름을 결정하는 매우 중요한 요소이다.

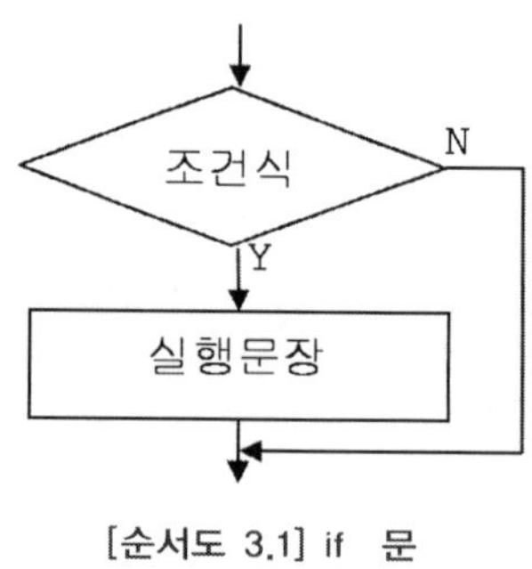

[순서도 3.1] if 문

입력된 수가 짝수이면 '짝수'를 출력하여 보자.

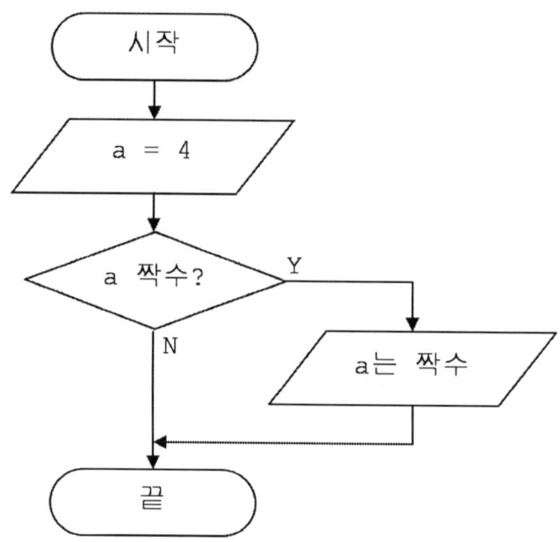

[순서도 3.2] 짝수 출력

짝수를 판단하기 위하여 A % 2 명령을 사용하며 결과가 0이면 짝수이다. 순서도에서 짝수이면 '짝수'가 출력되고 짝수가 아니면 출력되지 않는다.

프로그램에서 if 의 실행 문장이 1개 문장이 아닌 경우 다음 줄에 '{' 입력하고 실행 문장을 기술하고 마지막에 if 문의 끝을 표시하는 '}' 가 필요하다.

'p03-2

```c
/* p03-2.c */
#include <stdio.h>

void main()
{
    int a;
    a = 4;

    if ( (a % 2) == 0) printf("%d는 짝수\n", a);

    if ( (a % 2) == 0)
        printf("%d는 짝수\n", a);

    if ((a % 2) == 0)
    {
        printf("%d는 짝수", a);
        printf("\n");
    }
}
```

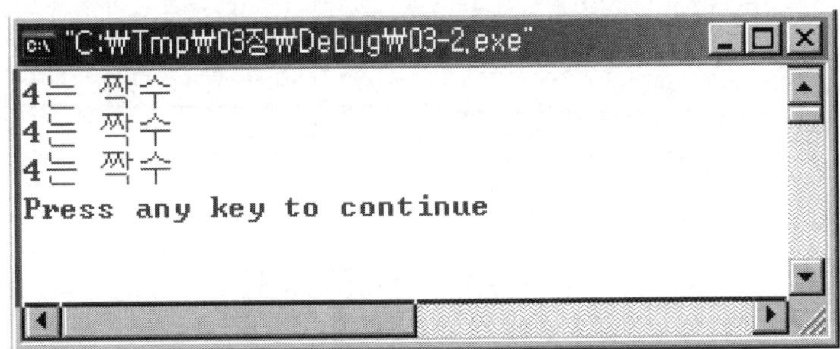

 if ~ else 문

> **문법** if (조건식) 실행문1;
> else 실행문2;

if ~ else 문은 조건식이 참이면 실행문1을 실행하고 거짓이면 실행문2를 실행한다.

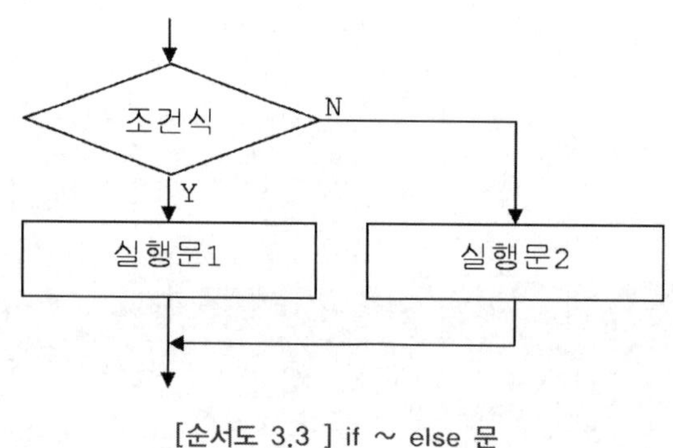

[순서도 3.3] if ~ else 문

입력된 수가 짝수이면 '짝수' 홀수이면 '홀수'를 출력하여 보자.

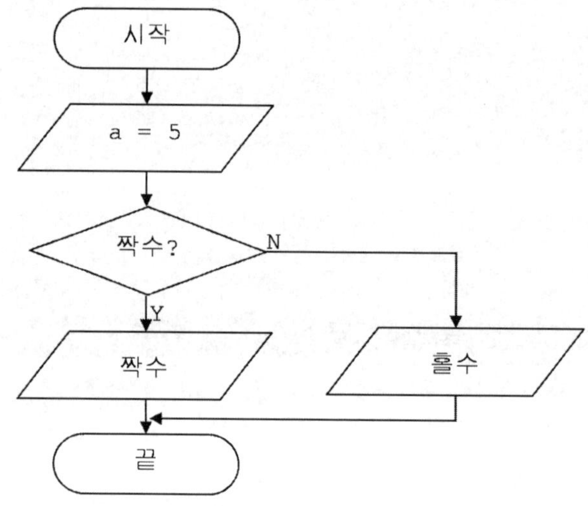

[순서도 3.4] 짝수, 홀수 출력

'p03-3

```c
/* p03-3.c */
#include <stdio.h>

void main()
{
    int a;

    a = 5;

    if ( (a % 2) == 0)

        printf(" %d는 짝수\n", a);

    else

        printf(" %d는 홀수\n", a);
}
```

3-4 ✳ 다중 if 문

```
문법   if (조건식1)
          실행문1;
       elseif (조건식2)
          실행문2;
       else
          실행문3;
```

검사할 조건식이 2개 이상인 경우 다중 If 문을 사용하며 elseif문을 추가적으로 사용하며 여러 개의 조건식을 조사 할 수 있다.

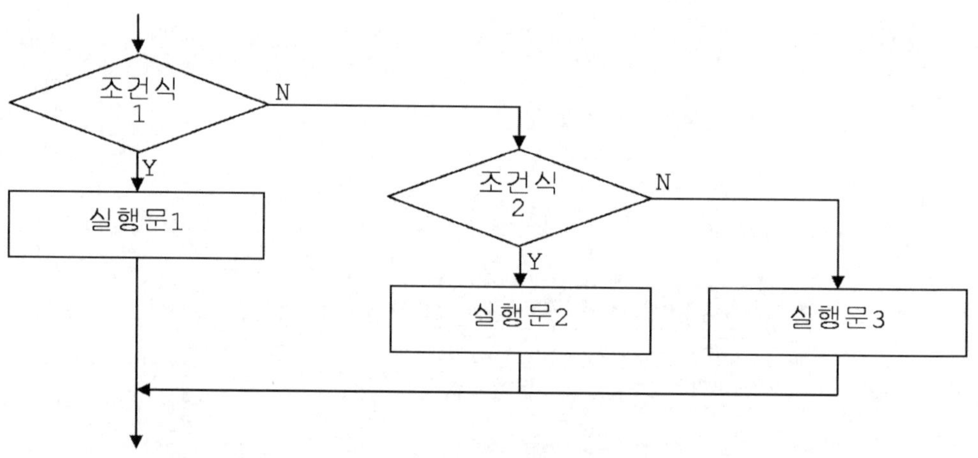

[순서도 3.5] 다중 If 문

입력된 수가 음수이면 '음수'를 출력하고 양수이면 짝수, 홀수를 구분하여 '짝수', '홀수'를 출력하여 보자.

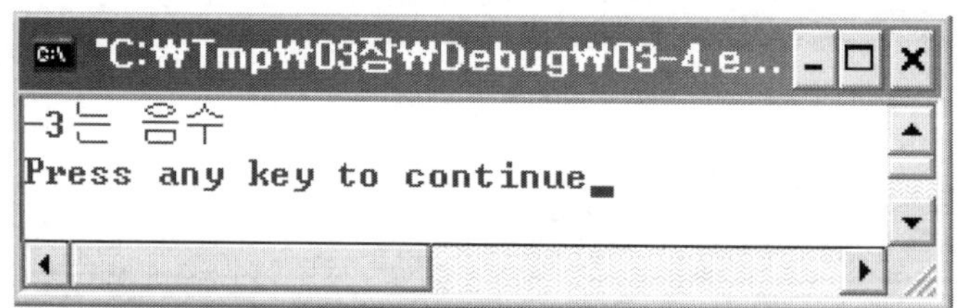

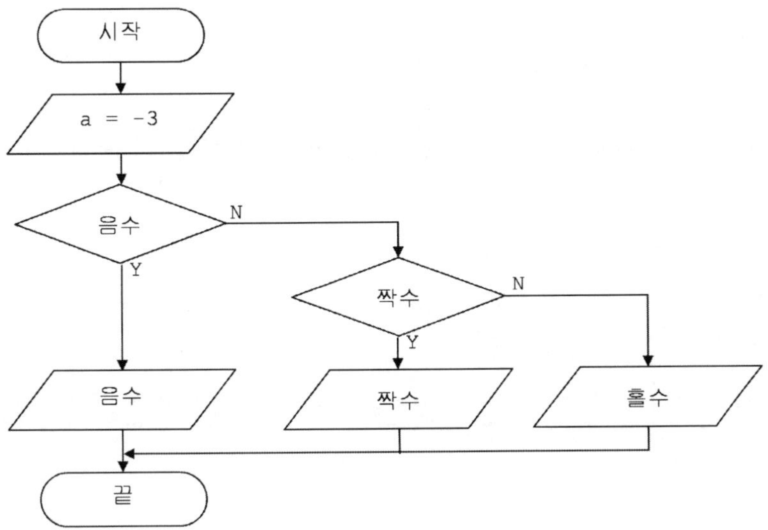

[순서도 3.6] 음수, 짝수, 홀수 출력

'p03-4

```c
/* p03-4.c */
#include <stdio.h>

void main()
{
    int a;

    a = -3;

    if (a < 0)
        printf("%d는 음수 \n", a);

    else if ((a % 2) == 0)
        printf("%d는 짝수 \n", a);

    else
        printf("%d는 홀수 \n", a);
}
```

switch case 문은 조건 변수를 판단하여 여러 개의 실행 블록 중 하나를 선택하여 분기한다. 다중 if 문으로 표현이 가능하지만 switch case 문을 사용하면 이해가 빠르고 간결한 구문으로 다중선택의 기능을 할 수 있다.

switch case 문은 'switch' 뒤의 '(식)'의 값을 case 문에 있는 비교 값을 차례로 비교하여 (식)의 값과 일치하는 비교 값이 있는 실행문을 실행하고 break 문으로 switch case 문을 종료한다. 만약 (식)의 값과 일치하는 비교 값이 없는 경우 default 뒤의 실행문을 실행한다. 여기서 '(식)'은 정수형이 되어야 한다.

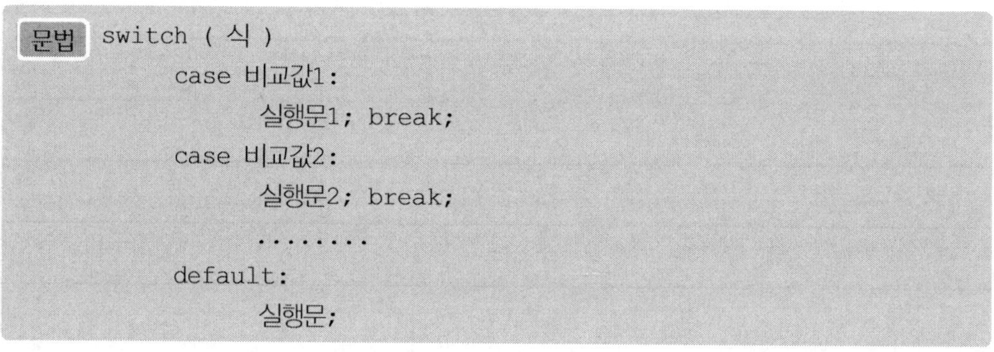

```
문법  switch ( 식 )
          case 비교값1:
                  실행문1; break;
          case 비교값2:
                  실행문2; break;
                  ........
          default:
                  실행문;
```

입력되는 점수가 90점 이상이면 A, 80점 이상이면 B, 70점 이상이면 C, 60점 이상이면 D, 60점 미만이면 F를 출력하여 보자.

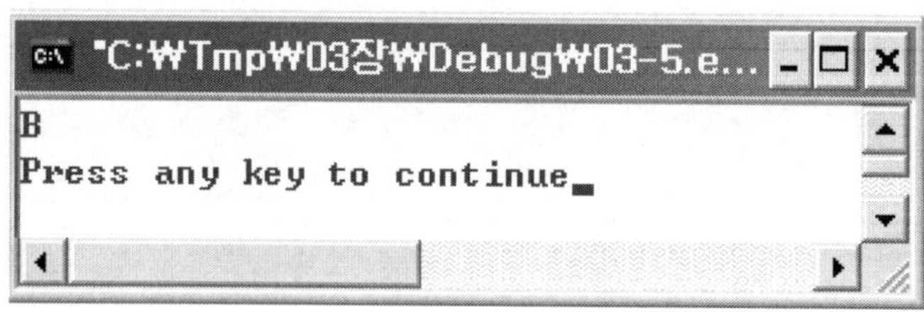

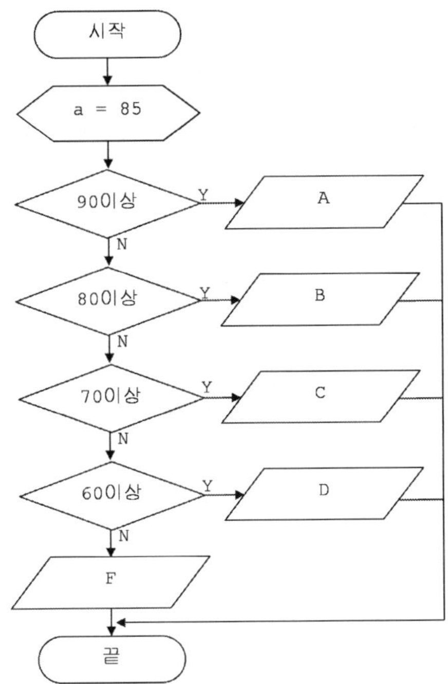

[순서도 3.7] switch case문

'p03-5

```c
/* p03-5.c */
#include <stdio.h>
void main()
{   int a;
    a = 85;
    switch( (int)(a / 10 ) )
    {   case 10:
        case 9: printf("A"); break;
        case 8: printf("B"); break;
        case 7: printf("C"); break;
        case 6:
            printf("D"); break;
        default:
            printf("F");
    }
    printf("\n");
}
```

3-1 다음 순서도를 실행하면 결과는 무엇인가?

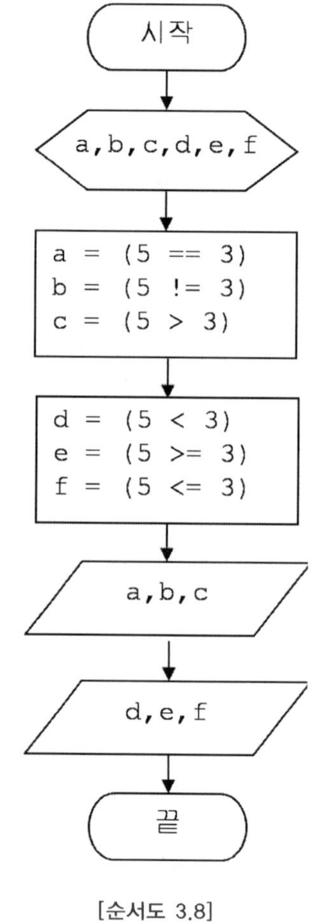

[순서도 3.8]

3-2 다음 순서도를 실행하면 결과는 무엇인가?

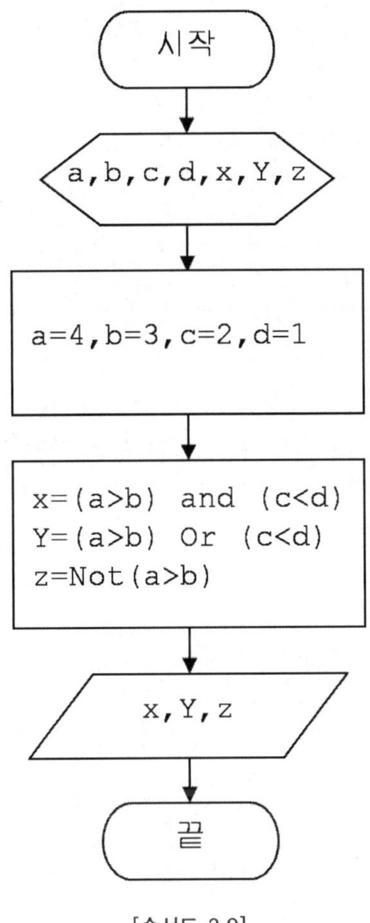

[순서도 3.9]

 다음 문제의 순서도와 프로그램을 작성하시오.

1. if 문

a는 정수이다. 만약 a가 4이면 "a=4"를 출력하시오.

2. if~else문

a는 정수이다. 만약 a가 4이면 "a=4", 4가 아니면 "a◇4"를 출력하시오.

3. 다중 if문

a는 정수이다. 만약 a가 4이면 "a=4", 4가 아닌 경우 3이면 "a=3", 이외에는 "a◇4" and "a◇3"을 출력하시오.

3-4 다음 내용을 switch case문으로 순서도와 프로그램을 작성하시오.

a는 정수이다. a가 4이상이면 "a>=4", 3이면 "a=3", 2이면 "a=2"를 출력하고 이외에는 "a<2"를 출력한다.

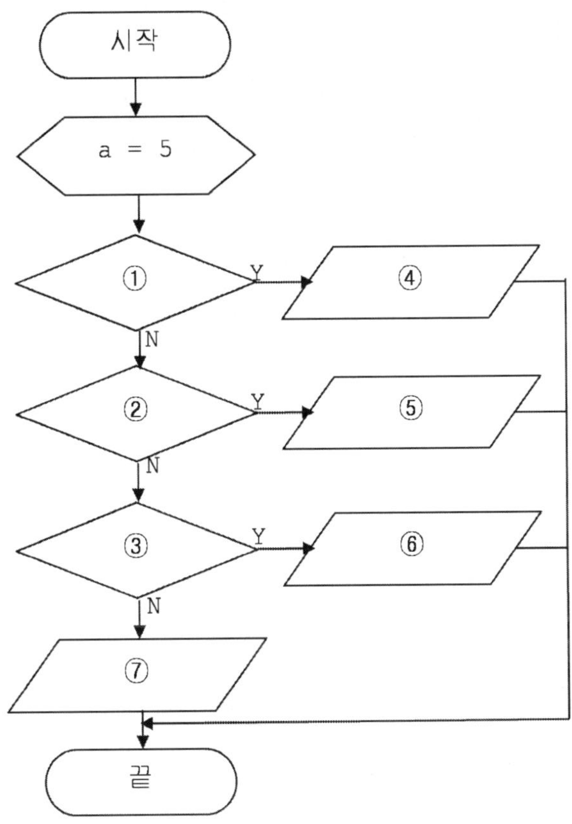

[순서도 3.10]

memo

CHAPTER 04

순환구조

| CHAPTER 04 | 순환구조

학습목표

이 장에서는 프로그램의 기본 구조인 순환구조에 관해 기술한다.

순환구조는 반복해서 문제를 처리하는 방법이며 이에 관련된 for 문, do 문, 반복구조에서 탈출하는 break 문, goto문 등을 이해하며 숙달한다. 순환구조의 응용력을 향상시키기 위하여 두 수 사이의 합, 개수 구하기, 큰 수, 작은 수판별 등의 문제를 이해하고 숙달한다.

이 장의 구성

4-1. for 문
4-2. while, do~while 문
4-3. break 문
4-3. goto 문
4-5. 두 수 사이의 합, 개수 구하기
4-6. 두 수 중 큰 수, 작은 수판별
4-7. 2의 거듭 제곱표

CHAPTER 04

순환구조

4-1 ✳ for 문

반복처리 문제를 해결하기 위해 가장 많이 사용하는 for 문이며 지정한 회수만큼 실행문장을 실행한다.

> **문법** for (변수 = 초기값; 최종값; 증감값)
>   실행문;

증감값은 정수, 실수가 가능하다.

1에서 10까지 정수의 합을 구하여보자.

'p04-1

```c
/* p04-1.c */
#include <stdio.h>
void main()
{
    int i, sum1, sum2;
    sum1 = 0; sum2 = 0;

    for(i = 1; i <= 10; i++)
        sum1 = sum1 + i;

    for(i = 10; i >= 1; i--)
        sum2 = sum2 + i;

    printf("%d %d \n", sum1, sum2);
}
```

시작
i,sum1,
sum2
sum1=0,sum2=0
i=1,10
sum1=sum1+i
i=10,1,-1
sum2=sum2+i
sum1, sum2
끝

[순서도 4.1]

"C:\Tmp\04장\Debug\04-1.e...
55   55
Press any key to continue

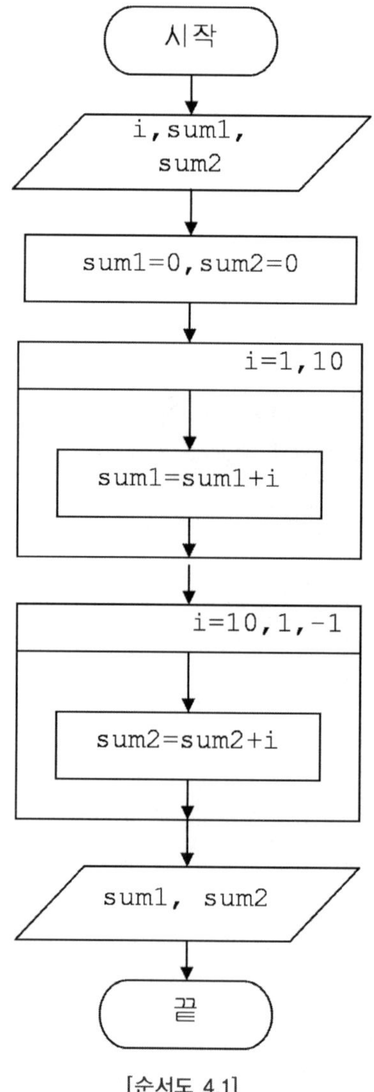

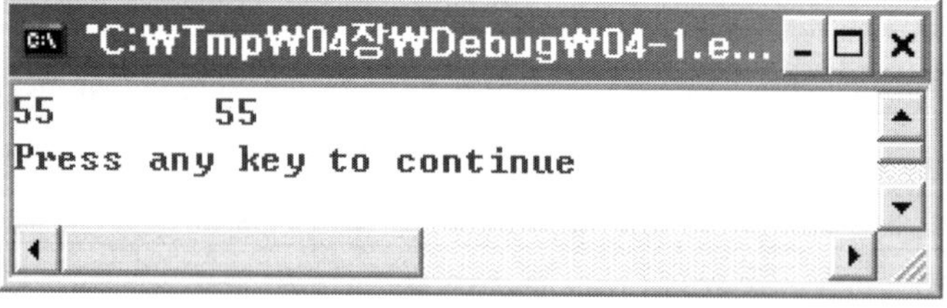

4-2 ✳ while 문, do ~ while 문

반복처리 문제를 해결하기 위한 while, do ~ while 명령이다. 순서도 4.2(a)를 살펴보면 먼저 조건식을 판단하고 실행문의 실행을 결정한다. 만약 조건식이 참(true)이면 실행문을 실행하고 다시 조건식으로 가는 반복처리 형식이다. 이 경우는 실행문이 한 번도 실행이 안 될 수 있다.

문법
```
while ( 조건식 )
{
    실행문;

}
```

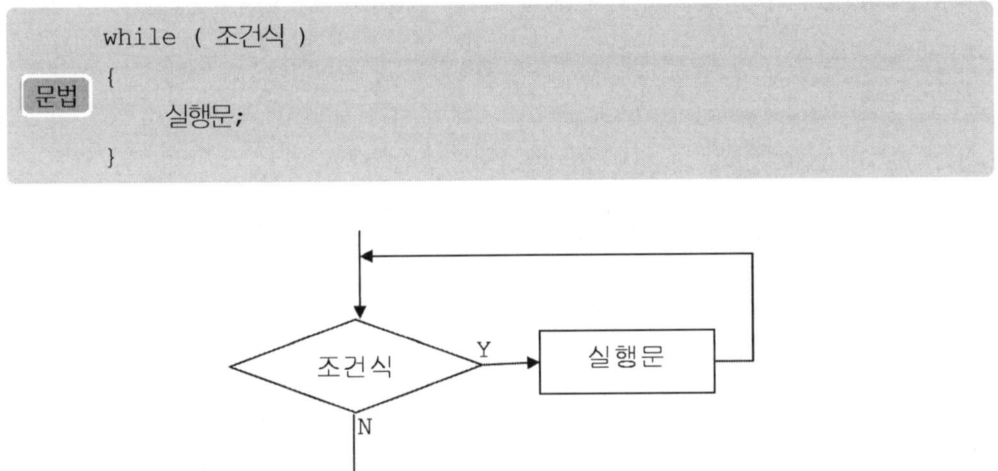

[순서도 4.2(a)]

순서도 4.2(b)를 살펴보면 먼저 실행문을 실행한 뒤 조건식을 판단하여 만약 조건식이 참(true)이면 실행문을 반복 처리하는 형식이다. 이 경우는 적어도 실행문이 한번 이상 처리가 된다.

문법
```
Do
{
    실행문;
} while( 조건식 );
```

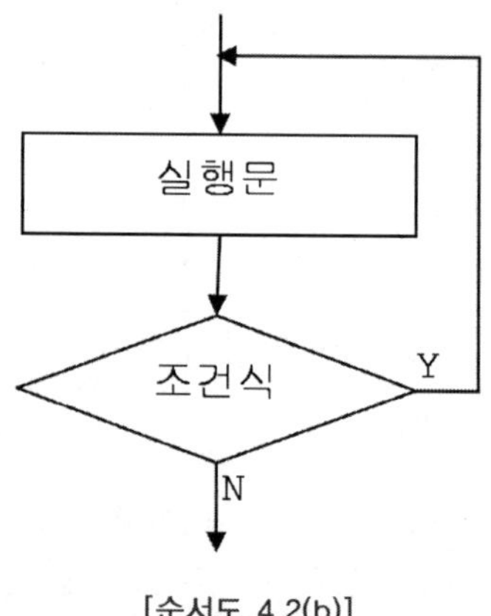

[순서도 4.2(b)]

1~10까지 정수의 합을 while문을 이용하여 구하여 보자.

p04-2

```c
/* p04-2.c */
#include <stdio.h>
void main()
{
    int i, sum1, sum2;
    i = 1; sum1 = 0; sum2 = 0;

    while (i <= 10)
    {
        sum1 = sum1 + i;
        i = i + 1;
    }
    i = 1;
    do {
        sum2 = sum2 + i;
        i = i + 1;
    } while (i <= 10);

    printf("%d %d \n", sum1, sum2);
}
```

시작
i,sum1,sum2
i=1
i≤10
Y
N
sum1=sum1+i
i=i+1
i=1
sum2=sum2+i
i=i+1
i ≤10
Y
N
sum1,sum2
끝

[순서도 4.2]

"C:\Tmp\04장\Debug\04-2.e...
55   55
Press any key to continue

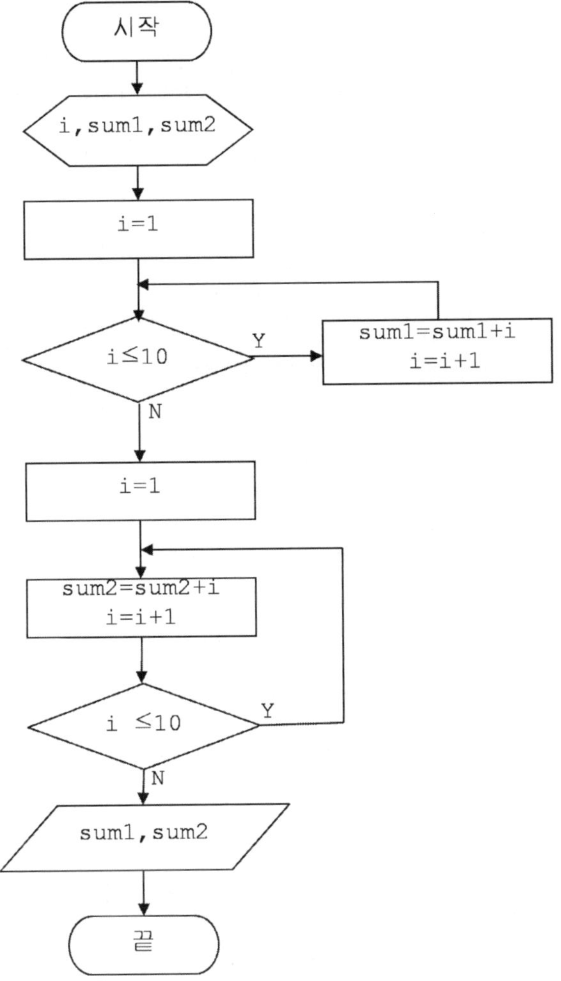

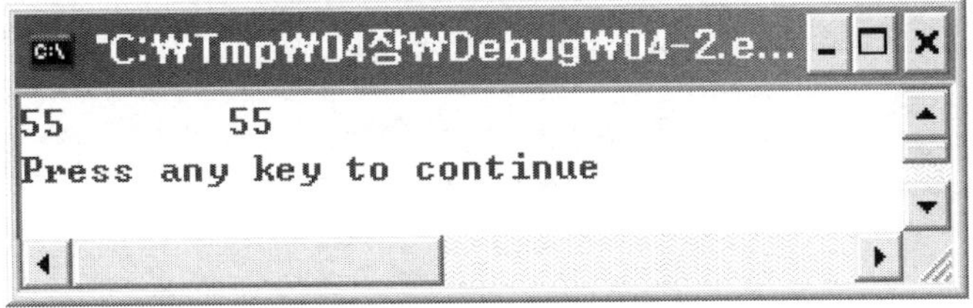

do문이나 for문 또는 프로시저를 수행하다 상황에 따라 블록을 벗어나야하는 경우 break 문을 사용한다. 각각 do 문, for 문의 실행을 중단하고 해당 다음 문장을 실행한다.

1~100까지 정수의 합을 구하는 중 변수가 10이 되면 중단하고 10까지의 합을 구하고 결과를 출력하여 보자.

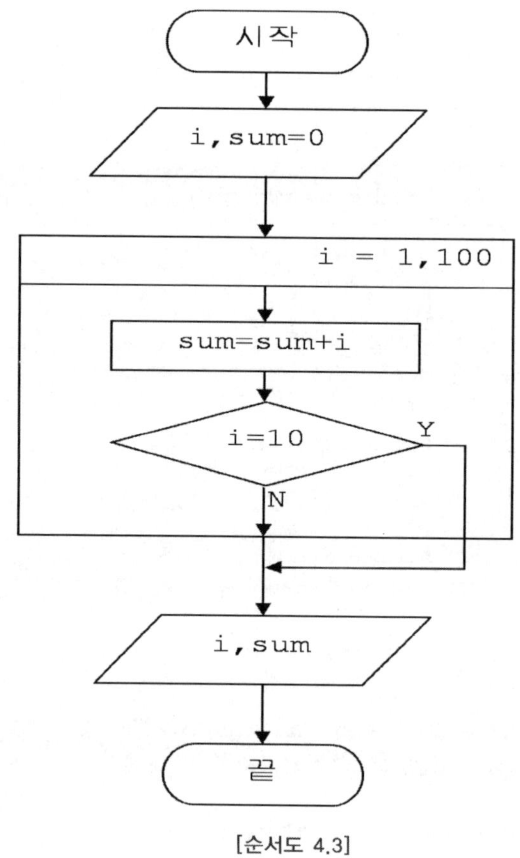

[순서도 4.3]

'p04-3

```c
/* p04-3.c */
#include <stdio.h>

void main()
{
    int i, sum;
    i = 1; sum = 0;

    for(i = 1; i <= 100; i++)
    {
        sum = sum + i;
        if (i == 10) break;
    }
    printf("%d %d \n", i, sum);
}
```

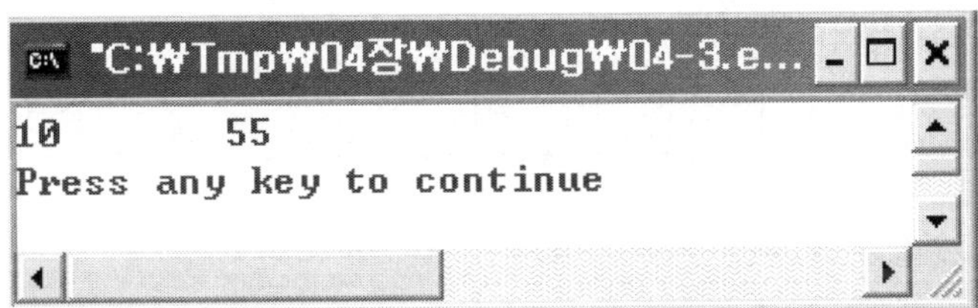

4-4 ✳ goto 문

goto 문을 사용하면 지정된 레이블로 분기 한다

goto 문을 너무 많이 사용하면 코드가 복잡해지므로 많이 사용하지 않는 것이 바람직하다.

1~10까지 정수의 합을 구하여 보자.

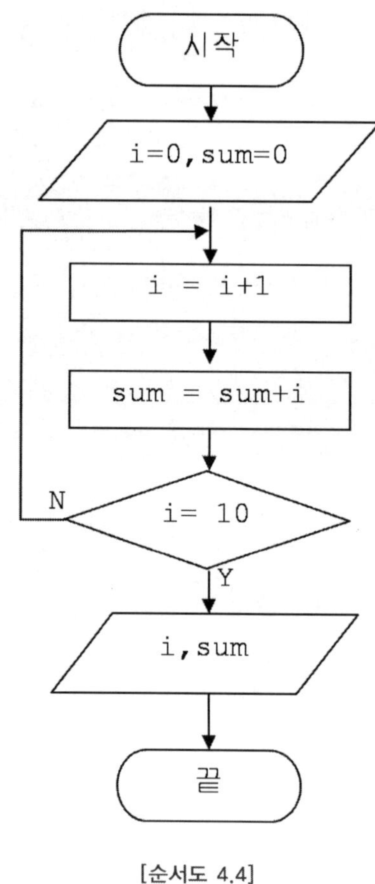

[순서도 4.4]

'p04-4

```c
/* p04-4.c */
#include <stdio.h>

void main()
{
    int i, sum;

    i = 0; sum = 0;
loop1:
    i = i + 1;
    sum = sum + i;
    if (i != 10) goto loop1;

    printf("%d %d \n", i, sum);
}
```

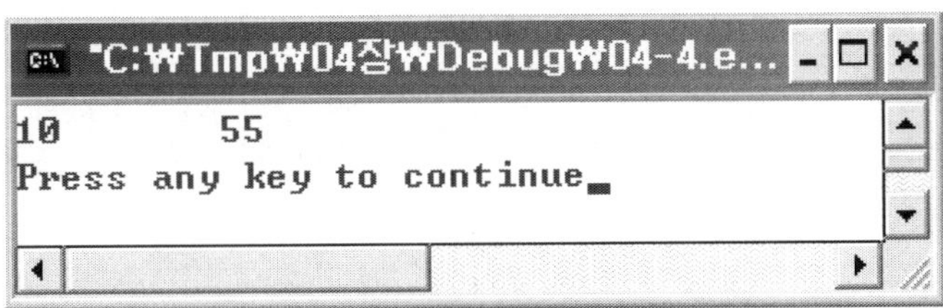

 두 수사이의 합, 갯수 구하기

2~9까지의 합을 구하고 짝수의 갯수는 구하여 보자.

순서도에서 i = 2, 9 이므로 8번 반복이 되며 짝수는 2, 4, 6, 8 이므로 4개가 된다.

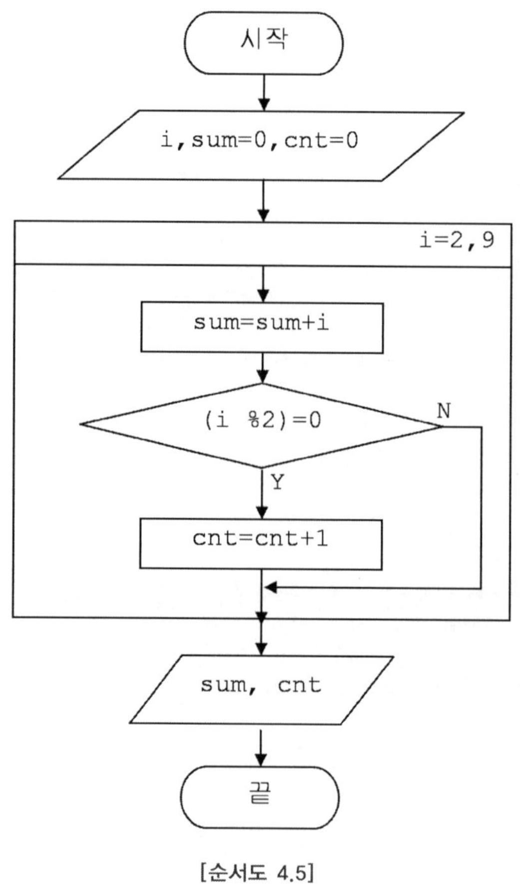

[순서도 4.5]

| 'p04-5 |

```c
/* p04-5.c */
#include <stdio.h>

void main()
{
    int i, sum, cnt;
    sum = 0; cnt = 0;

    for (i = 2; i <= 9; i++)
    {
        sum = sum + i;
        if ((i % 2) == 0)
            cnt = cnt + 1;
    }
    printf("%d %d \n", sum, cnt);
}
```

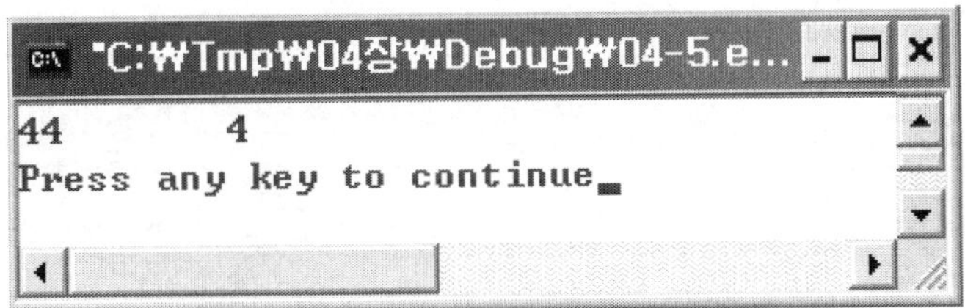

입력된 수는 A, B 이고 이 중에서 작은 수를 A, 큰 수를 B로 변경하고 작은 수, 큰 수 순서로 출력하여 보자.

순서도에서 A, B의 값을 교환하기 위해서 다음의 순서로 실행을 한다.

```
T ← A
A ← B
B ← T
```

위 3문장이 차례로 실행되면 A와 B의 값이 교환되며 프로그램에서 일반적으로 사용하는 방법이 된다.

'p04-6

```c
/* p04-6.c */
#include <stdio.h>
void main()
{
    int a, b, t;
    a=3; b=1;

    if (a > b)
    {
        t = a;
        a = b;
        b = t;
    }
    printf("%d %d \n", a, b);
}
```

시작
a=3 b=1,t
a>b
N
Y
t←a
a←b
b←t
a,b
끝

[순서도 4.6]

"C:\Tmp\04장\Debug\04-6.e...
1   3
Press any key to continue

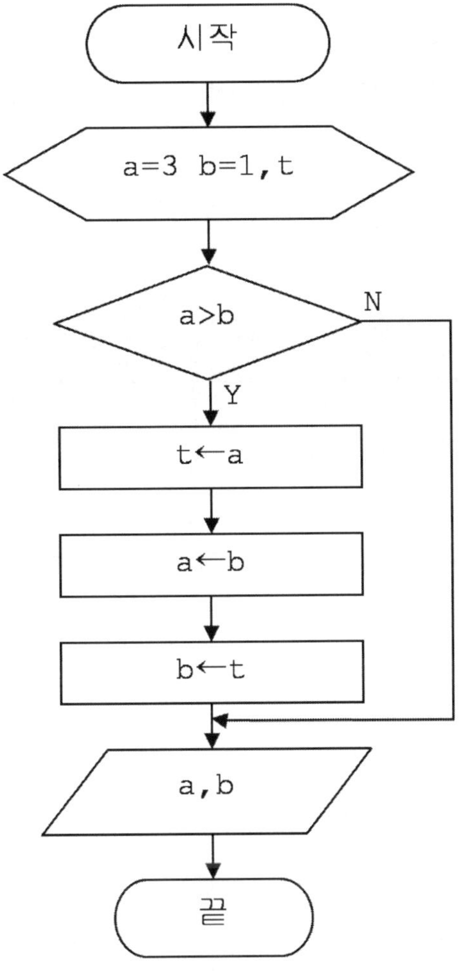

 2의 거듭 제곱표

1~10까지 2^n $(n=1,2,\cdots,10)$을 출력하시오.

$$
\begin{aligned}
2^1 &= 2 \\
2^2 &= 4 \\
2^3 &= 8 \\
2^4 &= 16 \\
2^5 &= 32 \\
2^6 &= 64 \\
2^7 &= 128 \\
2^8 &= 256 \\
2^9 &= 512 \\
2^{10} &= 1024
\end{aligned}
$$

[표 4.1] 2의 거듭 제곱

n	2^n	2^n
1	2	2
2	2 * 2	4
3	2 * 2 * 2	8
4	2 * 2 * 2 * 2	16
5	2 * 2 * 2 * 2 * 2	32
6	2 * 2 * 2 * 2 * 2 * 2	64
7	2 * 2 * 2 * 2 * 2 * 2 * 2	128
8	2 * 2 * 2 * 2 * 2 * 2 * 2 * 2	256
9	2 * 2 * 2 * 2 * 2 * 2 * 2 * 2 * 2	512
10	2 * 2 * 2 * 2 * 2 * 2 * 2 * 2 * 2 * 2	1024

```
"C:\Tmp\04장\Debug\04-7.e...

1        2
2        4
3        8
4        16
5        32
6        64
7        128
8        256
9        512
10       1024
Press any key to continue
```

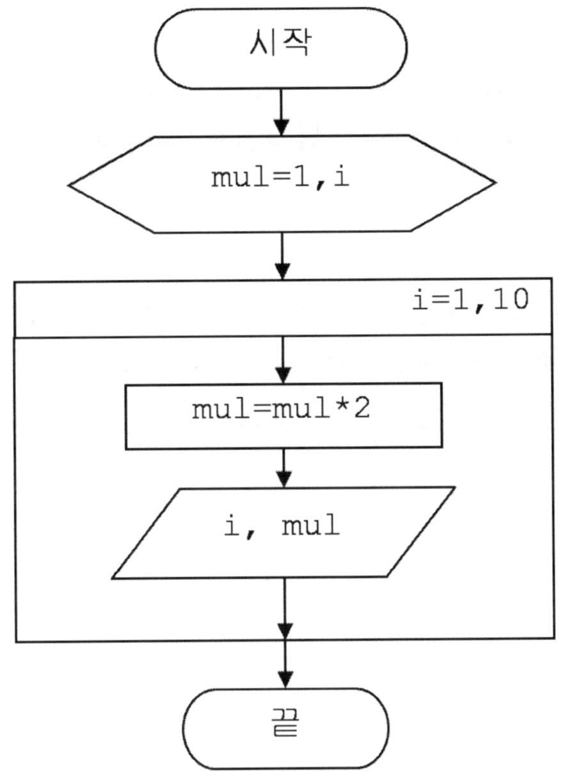

[순서도 4.7]

'p04-7

```c
/* p04-7.c */
#include <stdio.h>

void main()
{
    int i, mul;
    mul = 1;

    for(i = 1; i <= 10; i++) {
        mul = mul * 2;

    printf("%d %d \n", i, mul);
    }
}
```

4-1 5~20까지 정수의 합을 구하는 중 변수가 80이 되면 중단하고 5~8까지 합을 구하는 순서도를 완성하시오.

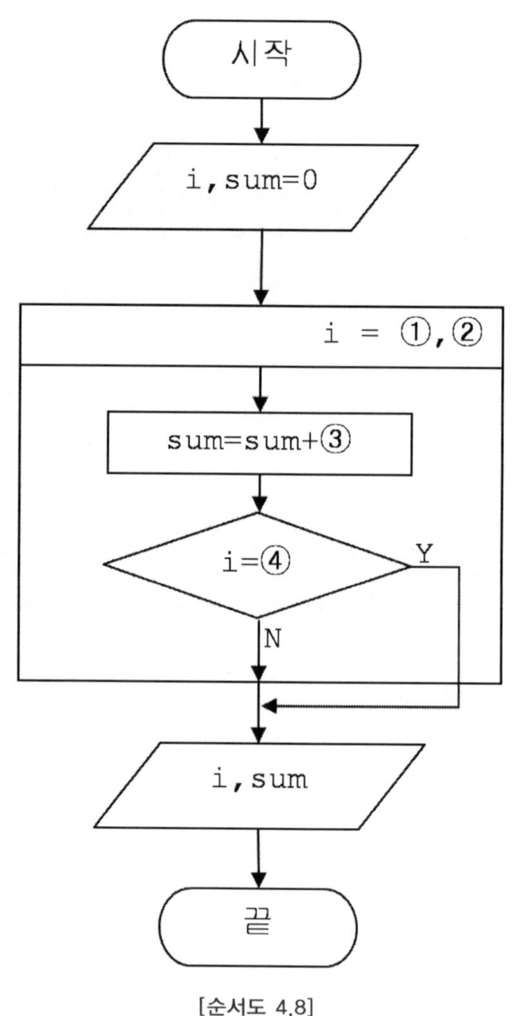

[순서도 4.8]

4-2 3~8까지의 합을 구하고 홀수의 개수를 구하는 순서도를 완성하시오.

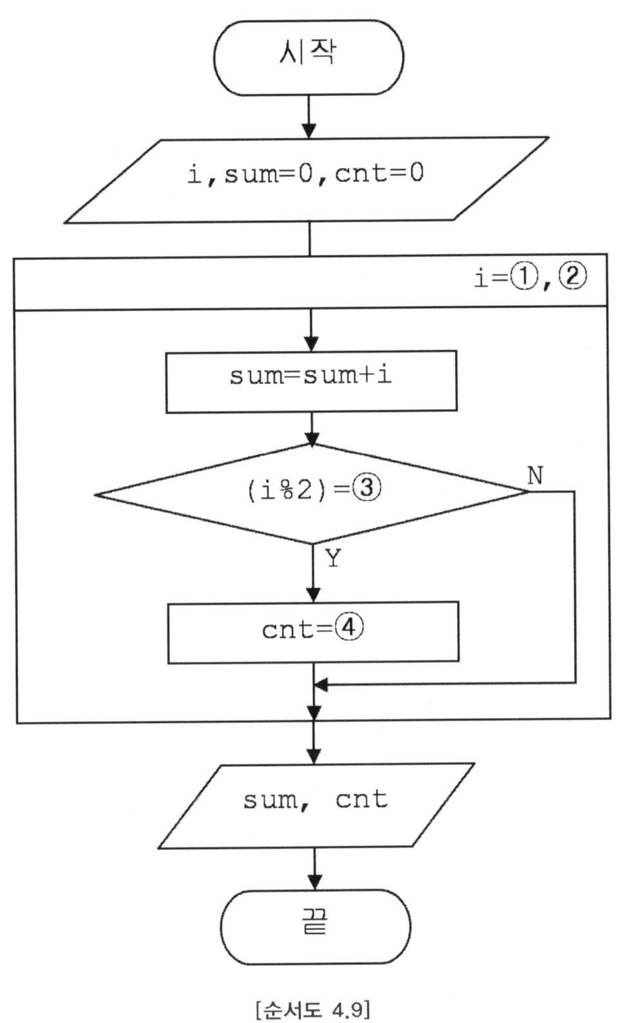

[순서도 4.9]

입력된 수는 a, b이고 두 수 중에서 큰 수는 a, 작은 수는 b로 하고 큰 수, 작은 수 순서로 출력하는 순서도를 완성하시오.

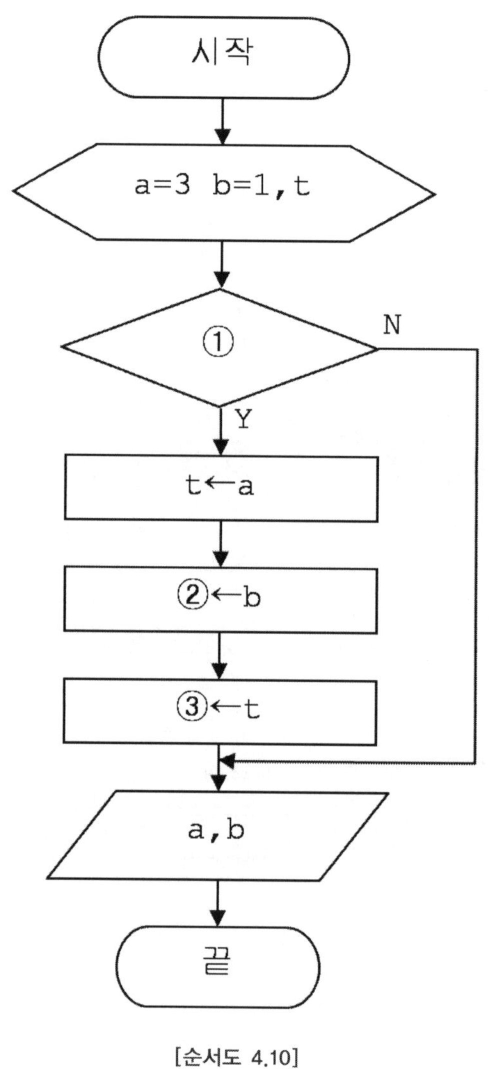

[순서도 4.10]

4-4 2~5까지 3^n (n=2,3,4,5)을 출력하는 순서도를 완성하시오.

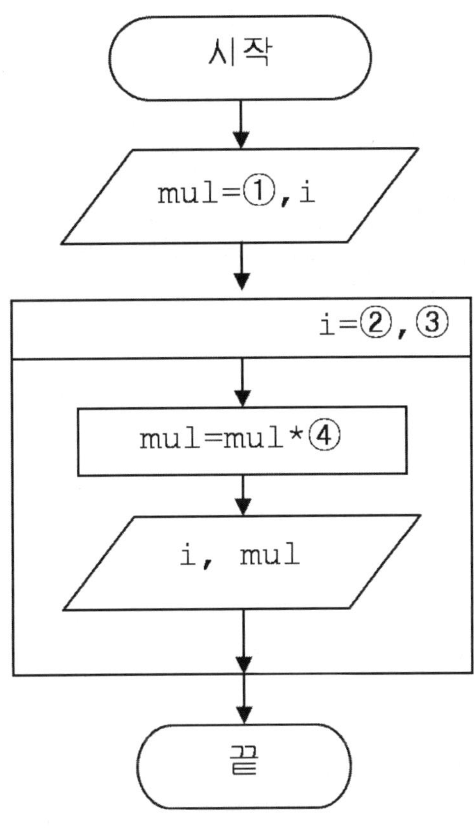

[순서도 4.11]

memo

CHAPTER 05

중복 순환구조

| CHAPTER 05 | 중복 순환구조

이 장에서는 중복 순환구조에 관해 기술한다.
 중복 순환구조는 순환구조 속에 순환구조가 있는 이중 순환 구조이며, 순환구조의 연속이다.
 중복 순환 구조를 이해하기 위하여 구구단, 삼각형모양, 알파벳 출력, 소수, 약수, 팩토리알 계산하기 등의 문제를 해결 함으로써 중복 순환구조를 이해하고 숙달한다.

5-1. 구구단 구하기
5-2. 삼각형모양 만들기
5-3. 알파벳 출력하기
5-4. 소수 구하기
5-5. 약수 구하기
5-6. 5! 계산하기

CHAPTER 05

중복 순환구조

5-1 구구단 구하기

중복 순환은 순환구조 속에 다시 순환구조가 있는 구조를 의미한다. 구구단은 1단에서 9단까지 있고 각 단마다 1에서 9까지 변하게 된다. 1단에서 9단의 단이 외부 순환이면 각 단에서 1에서 9까지 변하는 것은 내부순환이 된다.

다음과 같은 구구단 표가 되도록 순서도를 작성하여 보자.

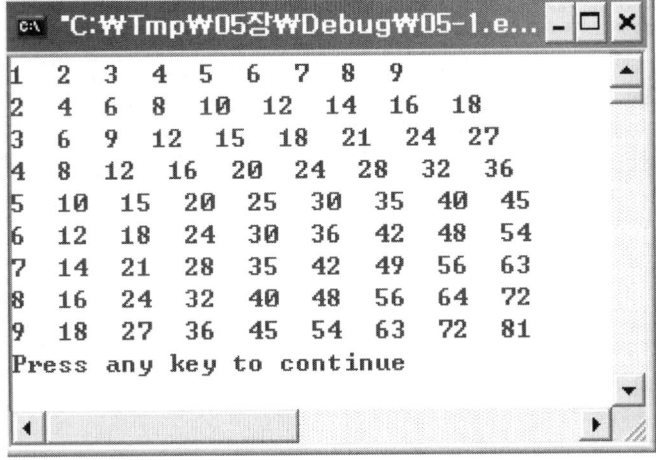

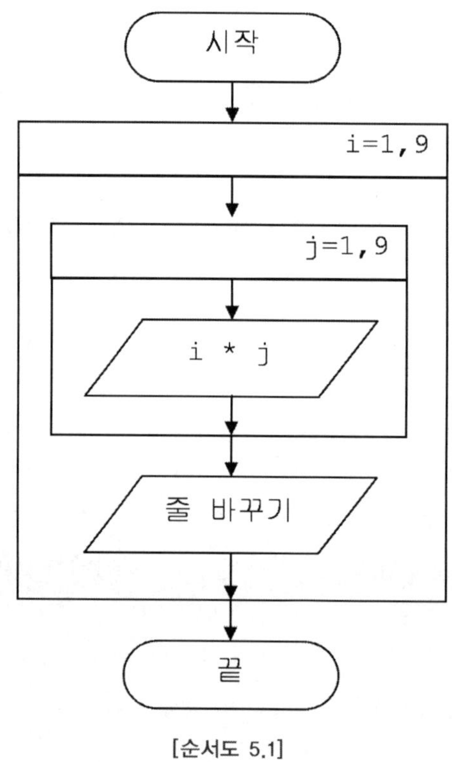

[순서도 5.1]

'p05-1

```c
/* p05-1.c */
#include <stdio.h>
void main()
{
    int i, j;

    for(i = 1; i <= 9; i++)
    {
        for(j = 1; j <= 9; j++)
            printf ("%d  ", i * j);

        printf("\n");
    }
}
```

5-2 ❋ 삼각형 모양 만들기

"*" 기호를 이용하며 첫 행은 1개, 둘째 행은 2개로 행이 증가하면 "*"도 하나씩 증가하여 아래와 같은 삼각형을 만들어 보자

```
출력모양
*
* *
* * *
* * * *
* * * * *
```

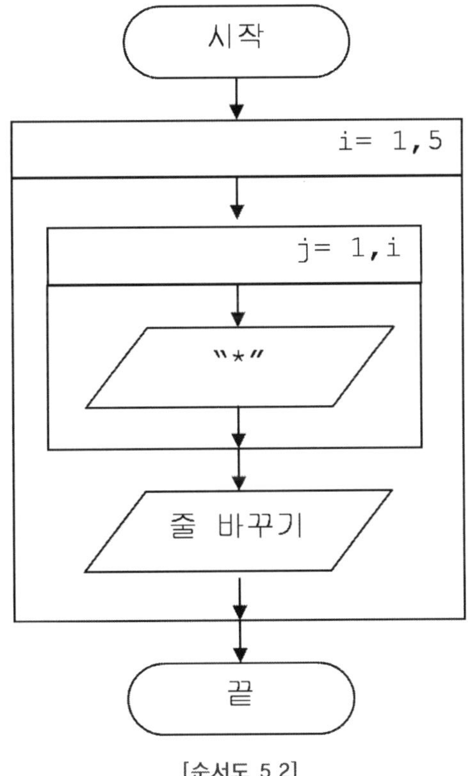

[순서도 5.2]

| 'p05-2 |

```c
/* p05-2.c */
#include <stdio.h>

void main()
{
    int i, j;

    for(i = 1; i <= 5; i++)
    {
        for(j = 1; j <= i; j++)
            printf ("*");

        printf("\n");
    }
}
```

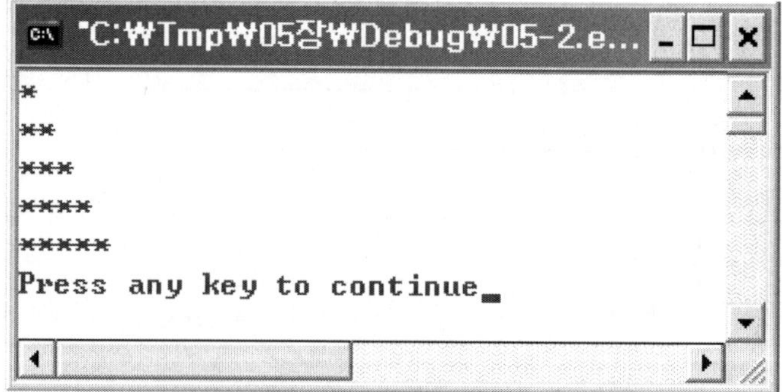

5-3 ✲ 알파벳 출력하기

아래와 같은 알파벳을 아스키코드(부록1)를 이용하여 출력하며 보자. 아스키코드의 값에 해당하는 문자를 출력하는 방법이며 만약 아스키 코드 값이 65이면 'A'가 출력이 된다. 프로그램에서 printf ("%c",j);에서 j가 아스키 코드 값이고 "%c"에서 해당하는 문자가 출력이 된다.

```
A B C D E
B C D E F
C D E F G
D E F G H
E F G H I
```

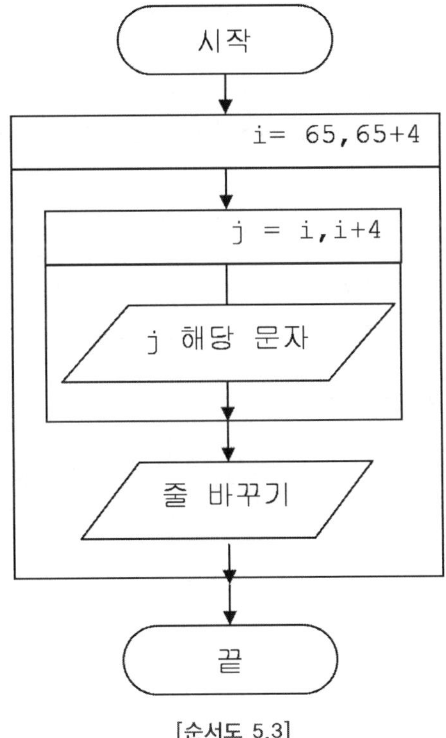

[순서도 5.3]

```c
/* p05-3.c */

#include <stdio.h>

void main()
{
    int i, j;

    for(i = 65; i <= 65+4; i++)
    {
        for(j = i; j <= i+4; j++)
            printf ("%c",j);

        printf("\n");
    }
}
```

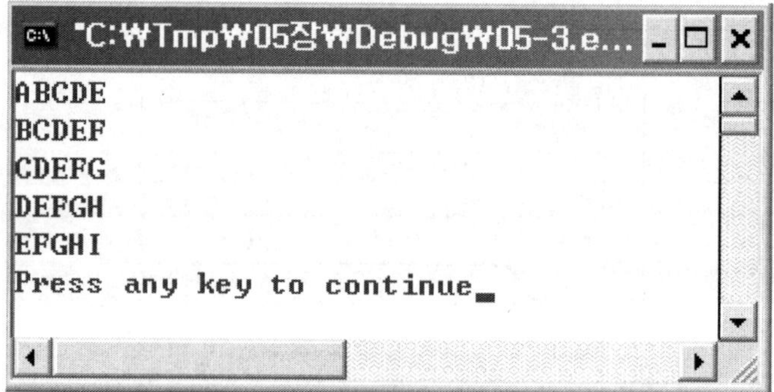

5-4 ❋ 소수

2~10까지의 수중에서 소수를 구하여 보자.

소수(prime number)는 임의의 수 N에서 1과 자기 자신의 수 N으로만 나누어지는 수를 의미한다. 예를 들어 7은 1과 7로 만 나누어지므로 소수이고 1에서 10까지는 2, 3, 5, 7이 소수가 된다.

소수를 구하는 방법은 임의의 수 N 이 있으면 2부터 N까지 계속 나누어서 나머지가 0 이 되는 경우가 자기 자신의 수 N 외에 있으면 소수가 아니며 4는 2로 나누어 나머지가 0 이므로 소수가 아니다

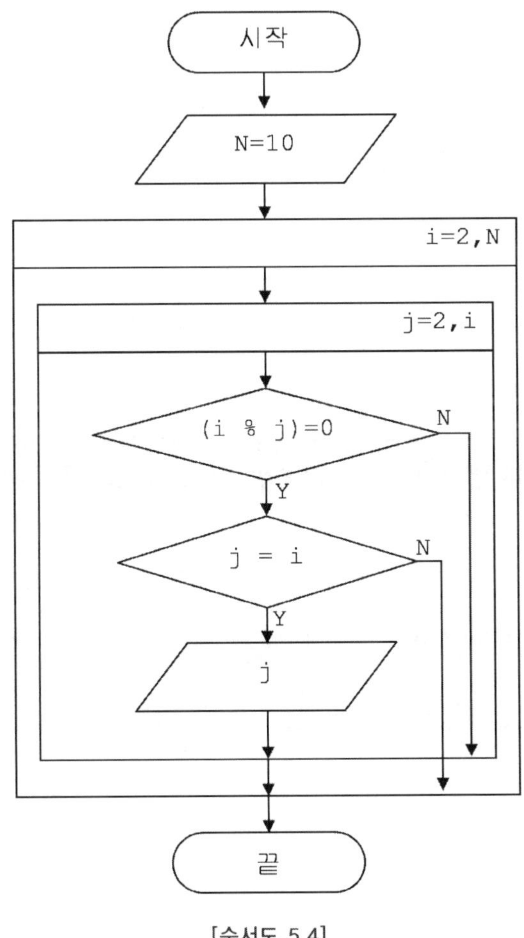

[순서도 5.4]

```c
/* p05-4.c */
#include <stdio.h>

void main()
{
    int N, i, j;
    N = 10;

    for(i = 2; i <= N; i++)
    {
        for(j=2; j<= N; j++)
        {
            if ((i % j)==0)
                if (j == i)
                        printf("%d\n", j);
                else
                        break;
        }
    }
}
```

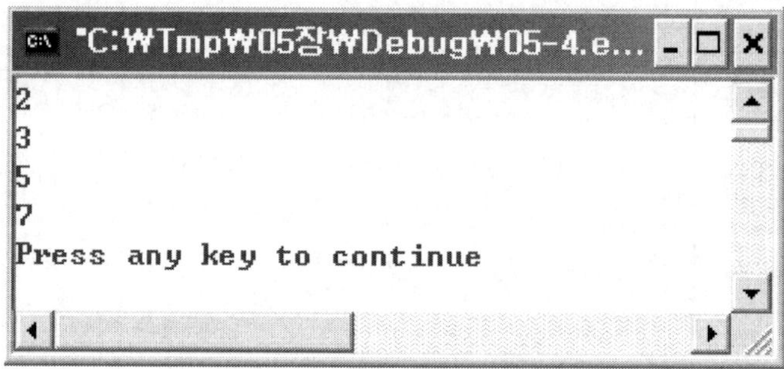

5-5 ✳ 약수

약수는 임의의 수 N에서 1과 자기 자신의 수 N을 포함하고 어떤 수로 나누어지는 수를
의미한다. 예를 들어 6은 2, 3으로 나누어지므로 약수는 1, 2, 3, 6이 된다.

10의 약수를 구하며 보자.

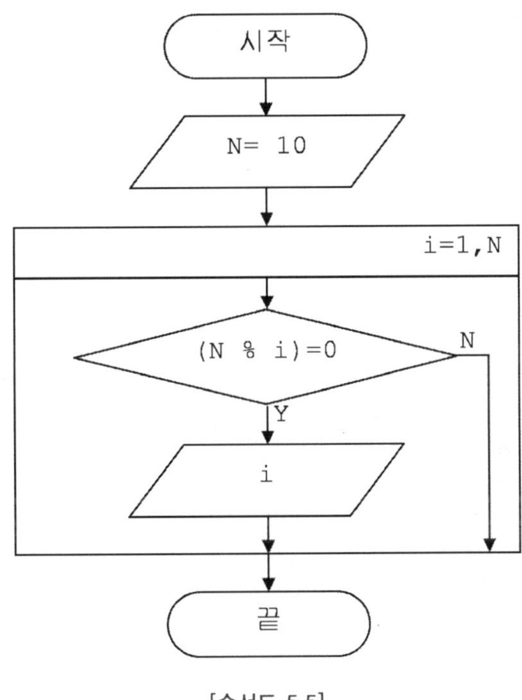

[순서도 5.5]

```c
/* p05-5.c */

#include <stdio.h>

void main()
{
    int N, i;

    N = 10;

    for(i = 1; i<= N; i++)
    {
        if ((N % i) == 0)
            printf(" %d", i);
    }
    printf("\n");
}
```

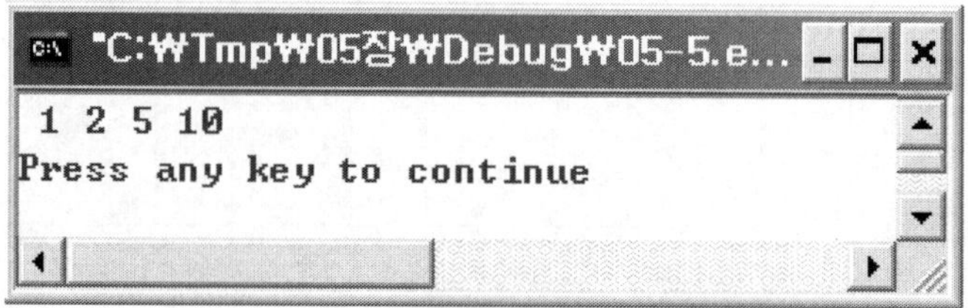

5-6 ❋ 5! 계산하기

5! = 1*2*3*4*5 이므로 임의의 수 N의 N 팩토리얼은 1부터 N까지 곱하면 가능하다.

$$5! = 1 * 2 * 3 * 4 * 5$$

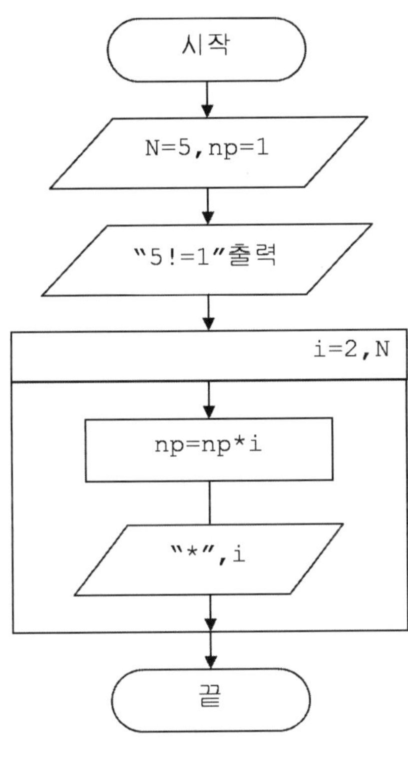

[순서도 5.6]

'p05-6

```c
/* p05-6.c */

#include <stdio.h>

void main()
{
    int N, np, i;

    N = 5; np = 1;

    printf("%d!=1", N);

    for(i = 2; i <= N; i++)
    {
        np = np * i;
        printf("*%d", i);
    }
    printf("=%d  \n", np);
}
```

5-1 다음과 같은 모양으로 "*"를 출력하는 순서도를 완성하시오.

```
* * * * *
* * * *
* * *
* *
*
```

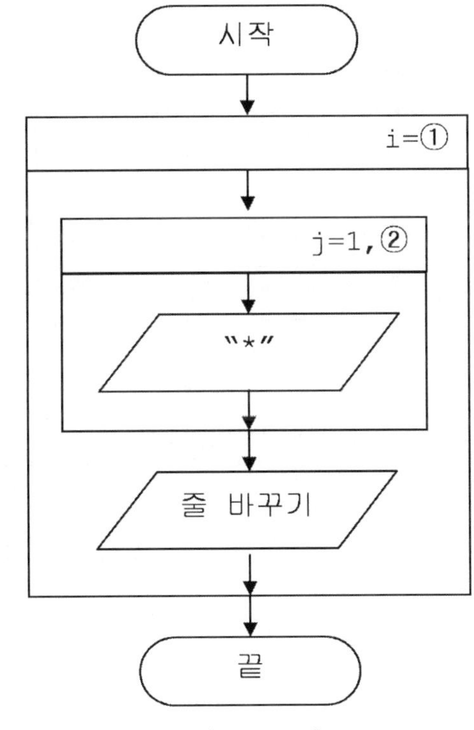

[순서도 5.7]

 다음과 같은 알파벳을 아스키코드를 이용하여 출력하도록 순서도를 완성하시오.

```
BCDEFG
CDEFGH
DEFGHI
EFGHIJ
```

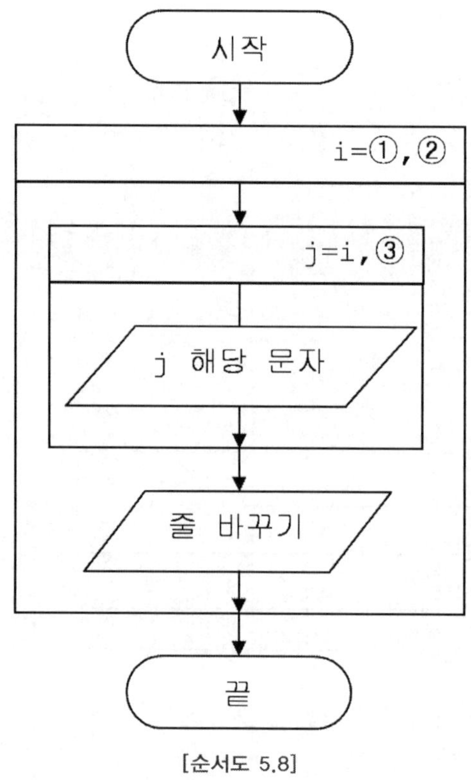

[순서도 5.8]

5-3 10~20까지 수 중 소수를 구하도록 순서도를 완성하시오.

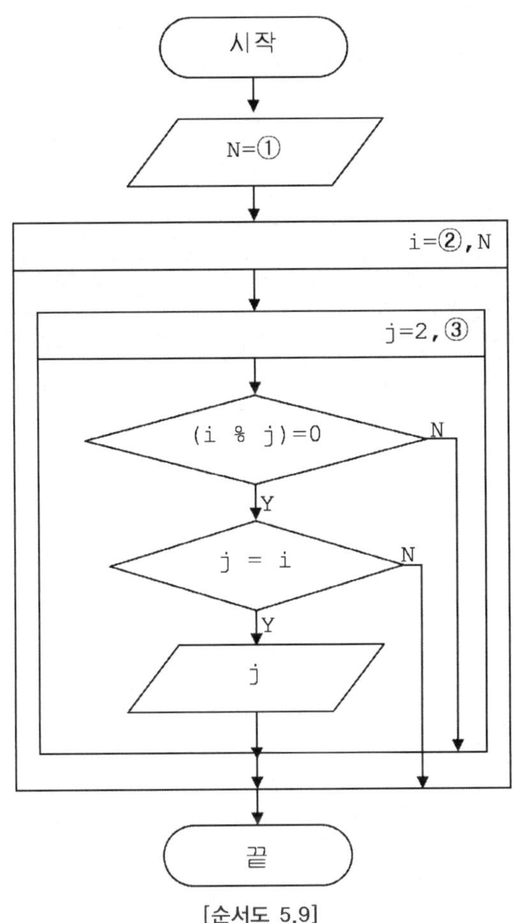

[순서도 5.9]

5-4 20의 약수를 구하도록 순서도를 완성하시오.

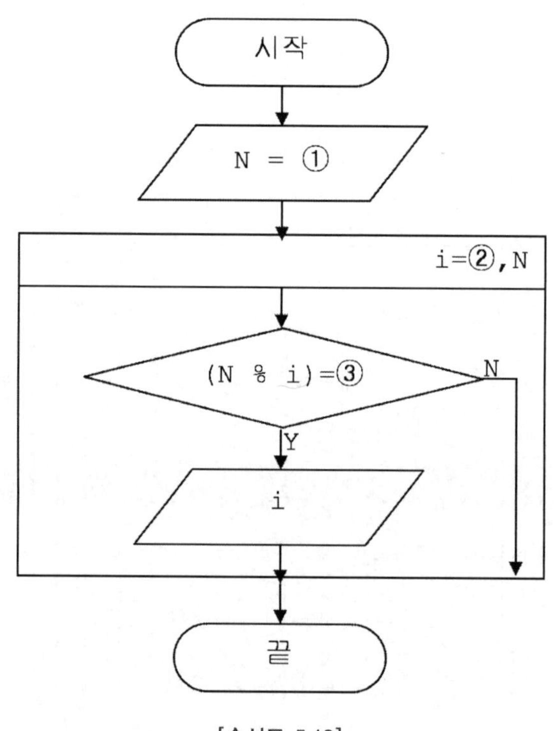

[순서도 5.10]

CHAPTER 06

배 열

| CHAPTER 06 | 배 열

학습목표

이 장에서는 1차원 배열, 2차원 배열에 관해 기술한다.
배열이란 같은 종류의 데이터를 처리하는 방법이며 여러 차원의
배열 중에서 1차원 배열이 가장 많이 사용된다.
1차원 배열, 2차원 배열의 이해, 2차원 배열에서 행우선, 열 우
선 방법을 사용하여 봄으로써 배열 구조를 이해하고 숙달한다.

이 장의 구성

6-1. 1차원 배열의 합과 평균
6-2. 1차원 배열 데이터 입력
6-3. 2차원 배열
6-4. 2차원 배열에 행우선 입력
6-5. 2차원 배열에 열 우선 입력
6-6. 2차원 배열에 삼각형 모양으로 채우기

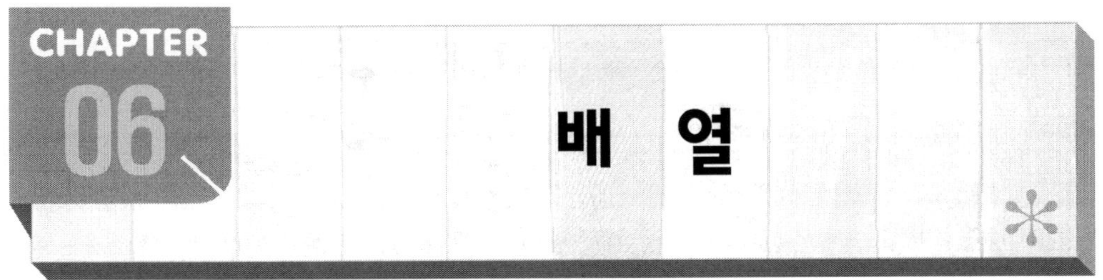

배열이란 같은 종류의 데이터를 연속적으로 보관하는 기억장소를 의미하며 배열이름과 괄호로 둘러싸인 인덱스를 이용하여 접근 할 수 있다. 각각의 변수를 배열의 원소라고 하며 만약 A(5)로 선언되면 C 언어에서는 A(0), A(1), A(2), A(3), A(4)의 5개 원소로 구성되며 인덱스 위치에는 A(3), A(i), A(i+3) 등으로 상수, 변수, 수식으로 표현이 가능하며 인덱스의 값은 정수 값 이어야 한다.

1차원 배열이란 인덱스의 개수가 A(5)와 같이 1개 이며 A(2,3)이면 인덱스의 개수가 2개 이므로 2차원 배열이 된다.

6-1 ✳ 1차원 배열의 합과 평균

1차원 배열을 이용하여 합과 평균을 구하여 보자.

[표 6.1]

	국어	영어	수학	과학	사회
홍길동	87	80	90	85	83
A(i)	A(0)	A(1)	A(2)	A(3)	A(4)

5과목의 합을 구하고 5로 나누면 소수점이 발생 할 수 있으므로 프로그램에서는 avg =
(float)s / 5.0; 에서 s 를 자료형 변환 연산자인 (float)을 이용하여 실수 처리 하였다.
여기서 (float)s / 5.0과 같이 실수/실수는 실수가 된다.

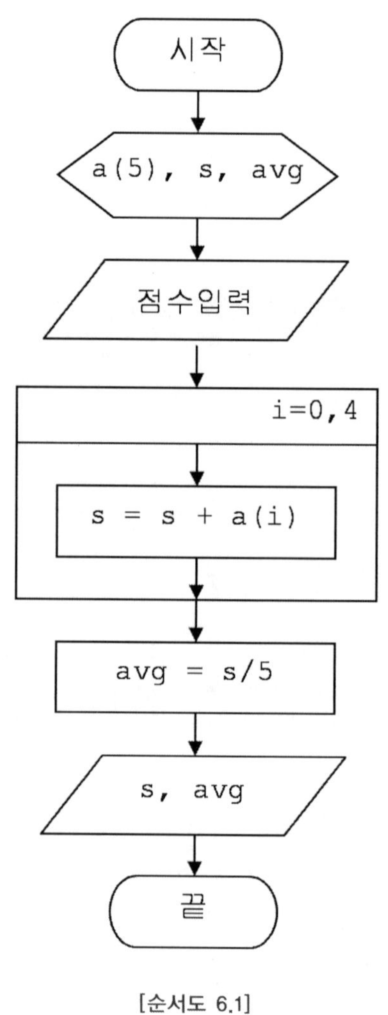

[순서도 6.1]

'p06-1

```c
/* p06-1.c */
#include <stdio.h>

void main()
{
    int a[5]= {87, 80, 90, 85, 83};
    int s, i;

    float avg;

    s = 0;

    for(i = 0; i <= 4; i++)
        s = s + a[i];

    avg = (float)s / 5.0;

    printf("s= %d \n", s);

    printf("avg= %f \n", avg);

}
```

1차원 배열에 다음 데이터를 입력 하고 합과 평균을 구하여 보자.

배열에 데이터는 변수를 이용하여 입력하자.

[표 6.2]

배열	A(0)	A(1)	A(2)	A(3)	A(4)
데이터	1	2	3	4	5

'p06-2

```c
/* p06-2.c */
 #include <stdio.h>
void main()
{
    int a[5], s, i;
    float avg;
    s = 0;

    for(i = 0; i<= 4; i++)
       a[i] = i + 1;

    for(i = 0; i <= 4; i++)
       s = s + a[i];

    avg = (float)s / 5.0;

    printf("s= %d \n", s);
    printf("Avg= %f \n", avg);

}
```

시작
a(5), s, avg
i =0,4
a(i) = i + 1
i=0,4
s = s + a(i)
avg = s/5
s, avg
끝

[순서도 6.2]

"C:₩Tmp₩06장₩Debug₩06-2.e...
s= 15
Avg= 3.000000
Press any key to continue

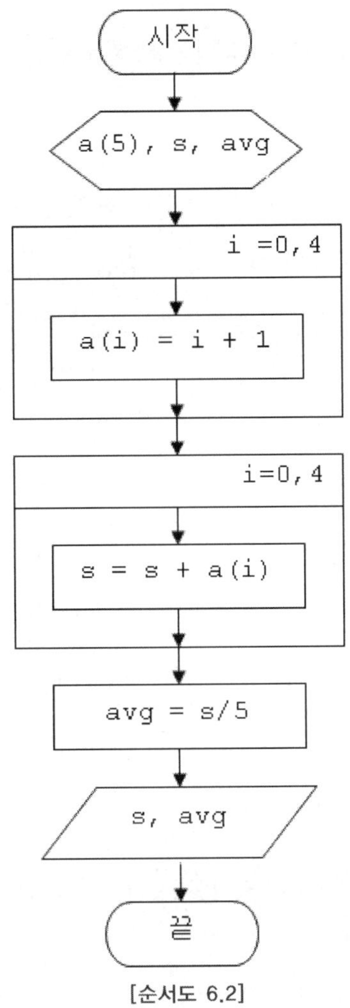

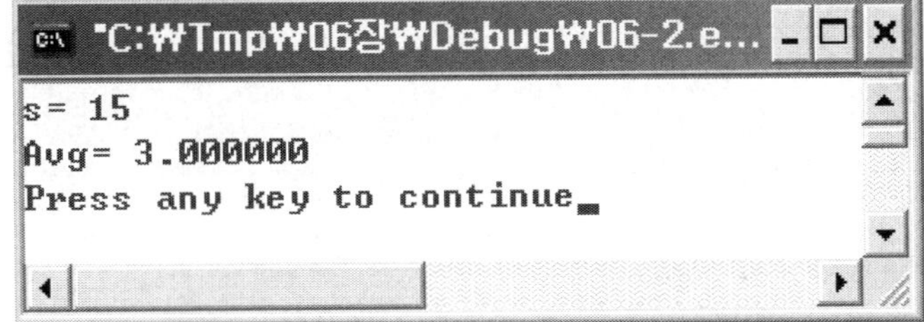

2차원 배열이란 표 6.3(a)의 A(3,4)와 같이 괄호안의 인덱스의 개수가 2개 이므로 2차원 배열이라 하고 표 6.3(a)와 같이 원소를 구분 한다. 여기서 A(2,3)은 2행 3열의 원소를 의미 한다. 여기서 2행의 원소는 A(2,0), A(2,1), A(2,2), A(2,3)로 4개 이며 3열의 원소는 A(0,3), A(1,3), A(2,3)으로 3개가 된다. 행(row)은 가로의 원소 모두, 열(column)은 세로의 원소 모두를 의미한다.

[표 6.3(a)] 2차원 배열 A(3,4)

	0열	1열	2열	3열
0행	(0,0)	(0,1)	(0,2)	(0,3)
1행	(1,0)	(1,1)	(1,2)	(1,3)
2행	(2,0)	(2,1)	(2,2)	(2,3)

표 6.3(b)와 같이 A, B, C 3명 학생의 국어, 영어, 수학, 과학 점수인 경우 각 학생의 평균 점수를 구하며 하자.

[표 6.3(b)] 2차원 배열 A(2,3)

학생 \ 과목	국어	영어	수학	과학
A	85	80	90	85
B	95	90	85	90
C	90	90	100	100

s(i)	avg(i)
s(0)	avg(0)
s(1)	avg(1)
s(2)	avg(2)

4과목의 합을 구하고 4로 나누면 소수점이 발생 할 수 있지만 평균점을 정수로 구하여 보자. 프로그램에서는 avg[i] = s[i] / 4; 에서 s[i] / 4와 같이 정수 4로 나누기를 하였다. 여기서 정수/정수는 정수가 된다.

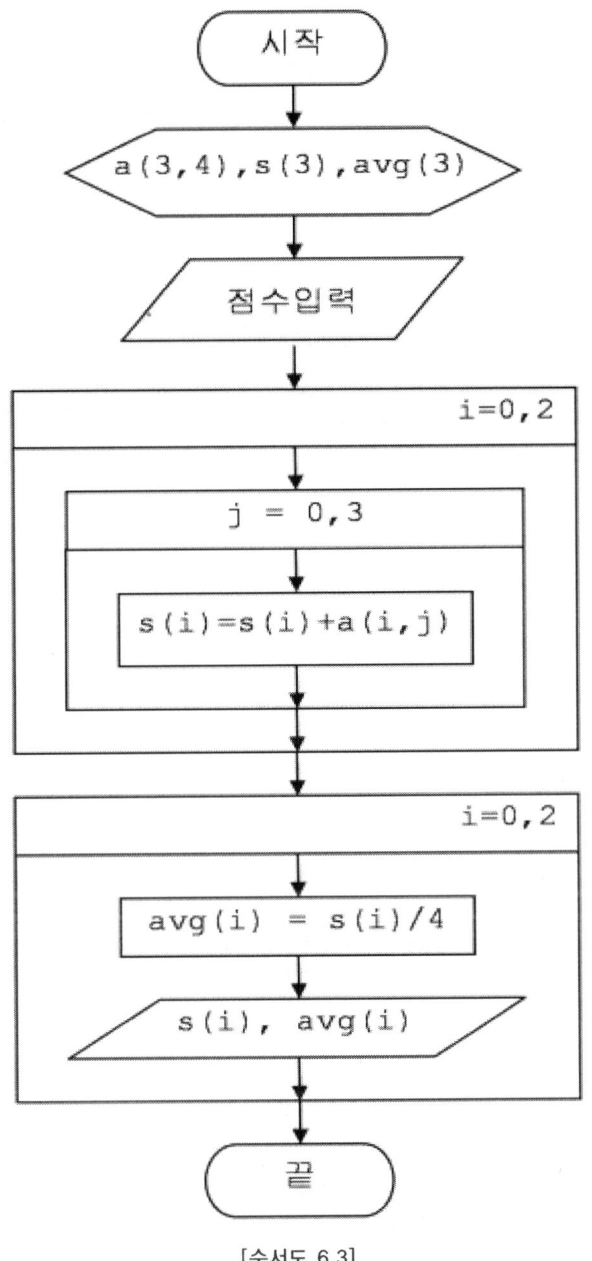

[순서도 6.3]

'p06-3

```
/* p06-3.c */
#include <stdio.h>
void main()
{
    int s[3], i, j;
    int avg[3];

    int a[3][4] = {   {85, 80, 90, 85},
                      {95, 90, 85, 90},
                      {90, 90, 100, 100},
                      };
    s[0]=0; s[1]=0; s[2]=0;

    for(i = 0; i < 3; i++)
    {
        for(j = 0; j < 4; j++)
            s[i] = s[i] + a[i][j];
    }
    for(i = 0; i < 3; i++)
    {   avg[i] = s[i] / 4;

        printf("s[%d]= %d", i, s[i]);
        printf("  avg[%d]= %d \n", i, avg[i]);
    }
}
```

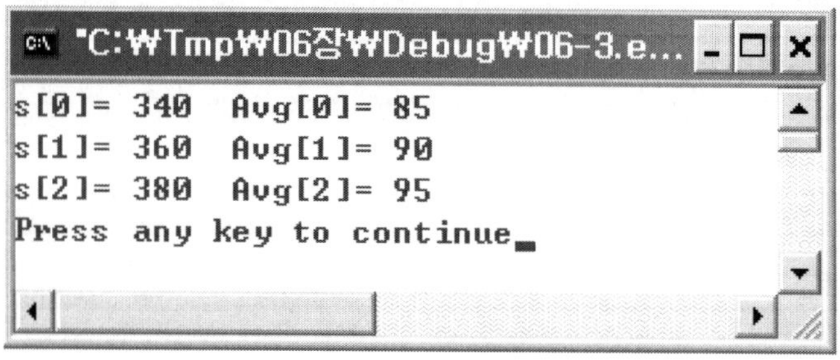
"C:₩Tmp₩06장₩Debug₩06-3.e...
s[0]= 340 Avg[0]= 85
s[1]= 360 Avg[1]= 90
s[2]= 380 Avg[2]= 95
Press any key to continue

6-4 ✸ 2차원 배열에 데이터 입력(행우선)

2차원 배열에 표 6.4 같은 데이터를 입력하여보자. 인덱스가 (0,0)일 때 1로 시작하며 0행에서 열이 증가 할 때 마다 1이 증가하고 0행이 끝나면 다음 행에서 열이 증가 하면 1이 증가 한다.

[표 6.4] 2차원 배열

	0열	1열	2열	3열
0행	(0,0)	(0,1)	(0,2)	(0,3)
1행	(1,0)	(1,1)	(1,2)	(1,3)
2행	(2,0)	(2,1)	(2,2)	(2,3)

1	2	3	4
5	6	7	8
9	10	11	12

'p06-4

```c
/* p06-4.c */
#include <stdio.h>
void main()
{   int a[3][4], i, j, v;
    v = 1;

    for(i = 0; i < 3; i++) {
        for(j = 0; j< 4; j++) {
            a[i][j] = v;
            v = v + 1;
        }
    }
    for(i = 0; i < 3; i++) {
        for(j = 0; j< 4; j++)
            printf(" %d", a[i][j]);
        printf("\n");
    }
}
```

시작
a(3,4)
v = 1
i=0,2
j = 0,3
a(i,j) = v
v = v + 1
i=0,2
j=0,3
a(i,j)
줄바꾸기
끝

[순서도 6.4]

"C:\Tmp\06장\Debug\06-4.e...
1 2 3 4
5 6 7 8
9 10 11 12
Press any key to continue

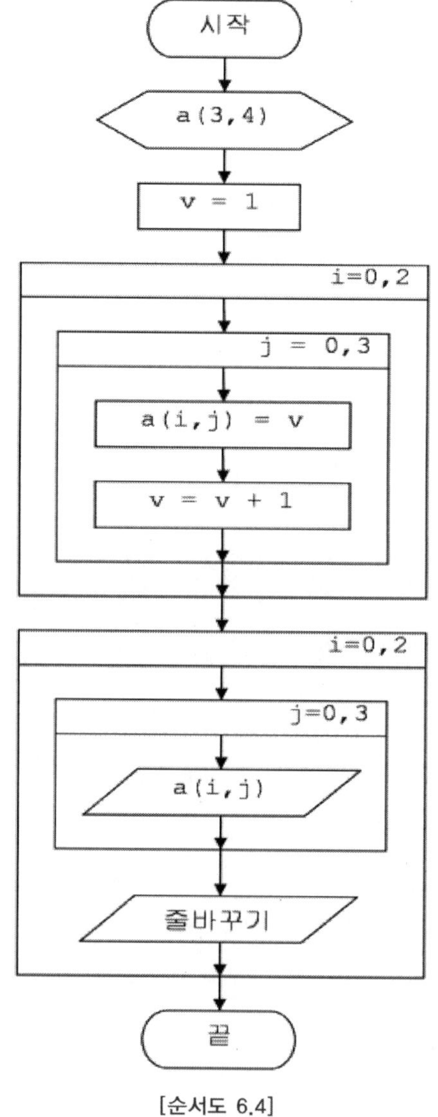

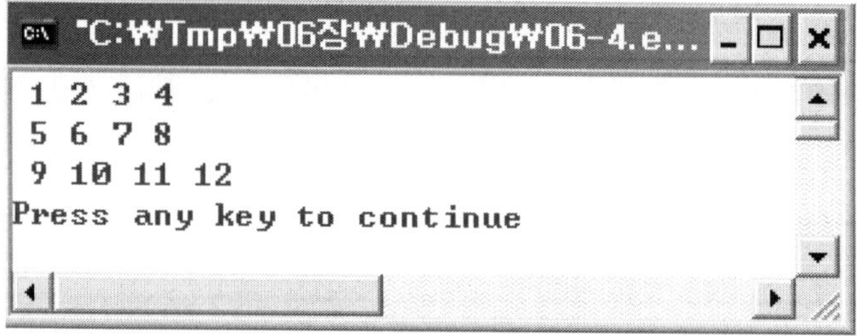

6-5 ❋ 2차원 배열에 데이터 입력(열 우선)

2차원 배열에 표 6.5와 같은 데이터를 입력하여 보자.

인덱스가 (0,0)일 때 1로 시작하며 0열에서 행이 증가할 때 마다 1이 증가하고 0열이 끝나면 다음 열에서 행이 증가하면 1이 증가 한다.

[표 6.5] 2차원 배열

	0열	1열	2열	3열
0행	(0,0)	(0,1)	(0,2)	(0,3)
1행	(1,0)	(1,1)	(1,2)	(1,3)
2행	(2,0)	(2,1)	(2,2)	(2,3)

1	4	7	10
2	5	8	11
3	6	9	12

'p06-5

```c
/* p06-5.c */
#include <stdio.h>
void main()
{   int a[3][4], i, j, v;
    v = 1;

    for(j = 0; j < 4; j++) {
        for(i = 0; i < 3; i++) {
            a[i][j] = v;
            v = v + 1;
        }
    }
    for(i = 0; i< 3; i++) {
        for(j = 0; j< 4; j++)
            printf(" %d", a[i][j]);
        printf("\n");
    }
}
```

시작
a(3,4)
v = 1
j=0,3
i = 0,2
a(i,j) = v
v = v + 1
i=0,2
j=0,3
a(i,j)
줄바꾸기
끝

[순서도 6.5]

"C:\Tmp\06장\Debug\06-5.e...
1 4 7 10
2 5 8 11
3 6 9 12
Press any key to continue

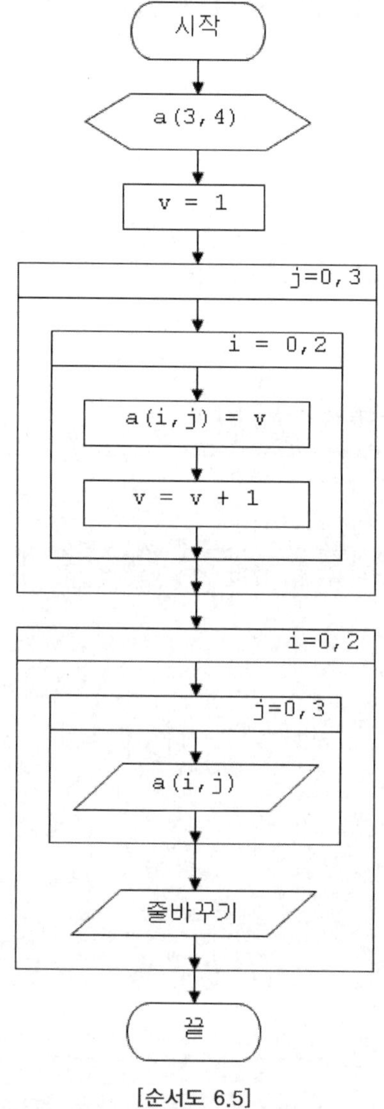

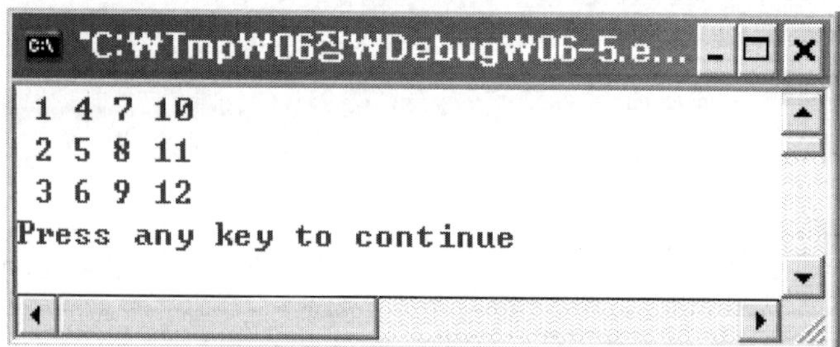

6-6 ※ 2차원 배열에 삼각형 모양으로 채우기

2차원 배열 A(4,4)에 표 6.6과 같은 삼각형 모양으로 원소에 값을 입력하여 보자.

각 원소는 A(0,0)=1에서 시작하여 1 씩 증가하여 A(0,0), A(1,1), A(2,2), A(3,3) 가 경계선이 된다.

[표 6.6] 2차원 배열

(0,0)	(0,1)	(0,2)	(0,3)
(1,0)	(1,1)	(1,2)	(1,3)
(2,0)	(2,1)	(2,2)	(2,3)
(3,0)	(3,1)	(3,2)	(3,3)

1	2	3	4
0	5	6	7
0	0	8	9
0	0	0	10

0행은 열이 0, 1, 2, 3 까지 변화

1행은 열이 　　1, 2, 3 까지 변화

2행은 열이 　　　2, 3 까지 변화

3행은 열이 　　　　3 까지 변화하며

행의 값과 열의 시작 값이 같음을 알 수 있다.

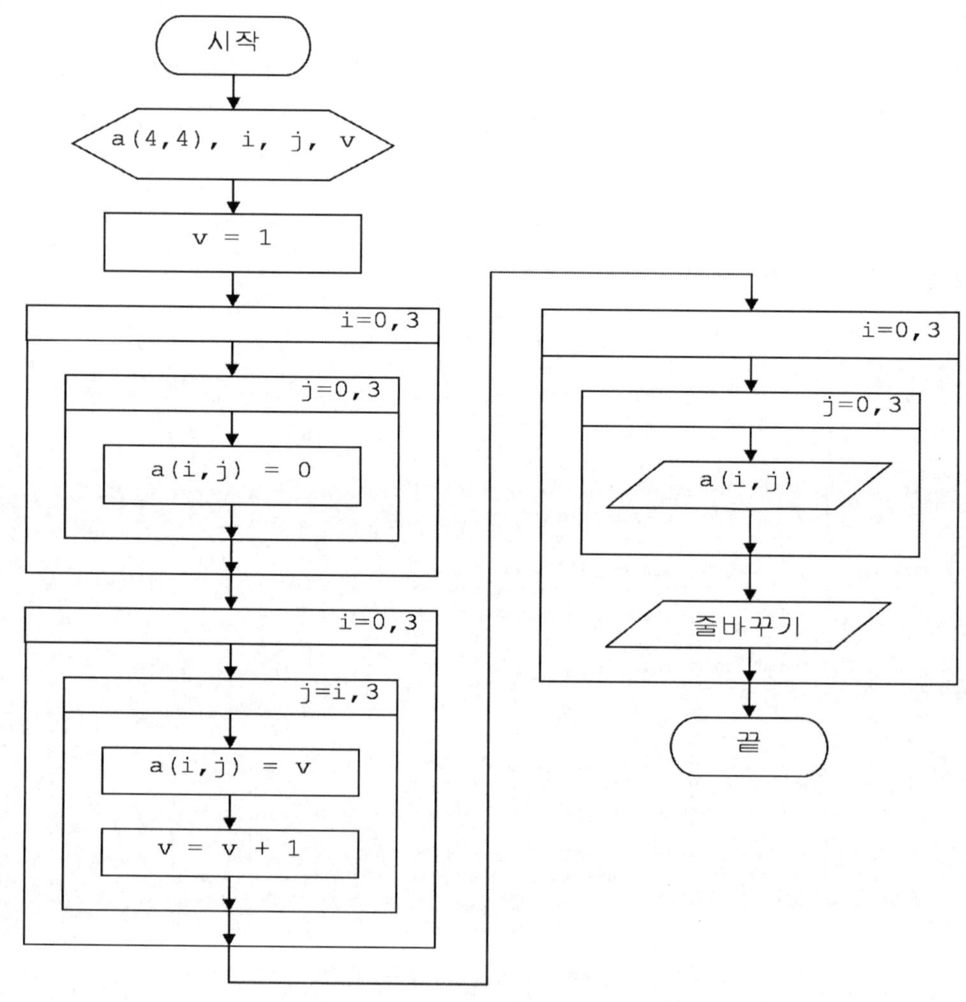

[순서도 6.6]

'p06-6

```c
/* p06-6.c */
#include <stdio.h>
void main()
{
    int a[4][4], i, j, v;
    v = 1;

    for(i = 0; i < 4; i++)
        for(j = 0; j< 4; j++)
            a[i][j] = 0;

    for(i = 0; i< 4; i++)
        for(j = i; j< 4; j++)
        {
            a[i][j] = v;
            v = v + 1;
        }

    for(i = 0; i < 4; i++)
    {
        for(j = 0; j < 4; j++)
            printf(" %d", a[i][j]);
        printf("\n");
    }
}
```

```
"C:\Tmp\06장\Debug\06-6.e...
 1 2 3 4
 0 5 6 7
 0 0 8 9
 0 0 0 10
Press any key to continue
```

6-1 일차원 배열에 다음과 데이터가 있는 경우 합과 평균을 구하기 위한 순서도를
완성하시오.

배열	A(2)	A(3)	A(4)	A(5)
데이터	80	85	95	100

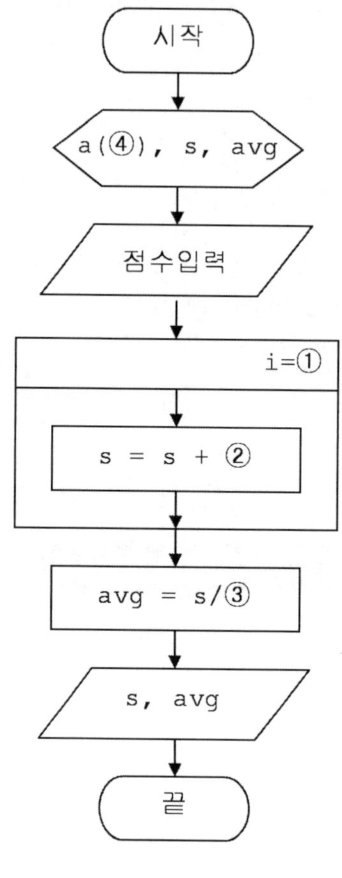

[순서도 6.7]

6-2 * 1차원 배열에 다음 데이터의 합과 평균을 구하는 순서도를 완성하시오.

배열	A(2)	A(3)	A(4)	A(5)	A(6)
데이터	1	2	3	4	5

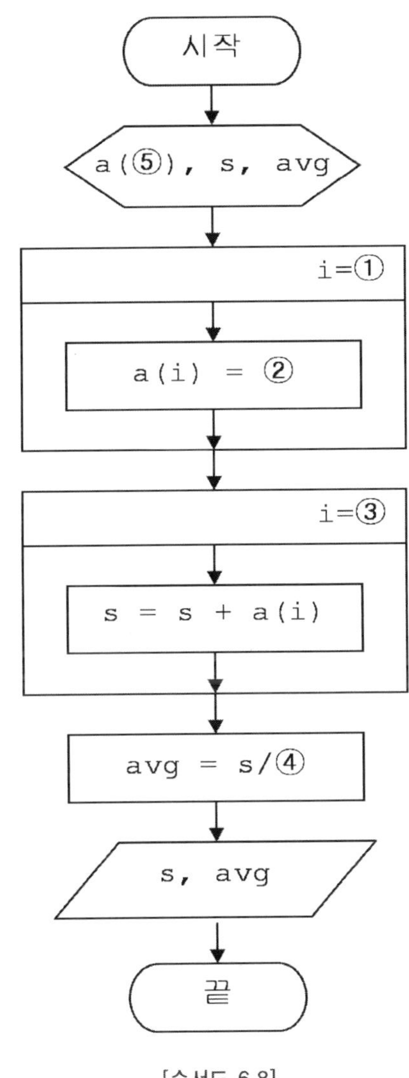

[순서도 6.8]

6-3 ※ 2차원 배열에 다음 데이터를 입력하고 출력 할 수 있는 순서도를 완성하시오.

3	4	5
6	7	8

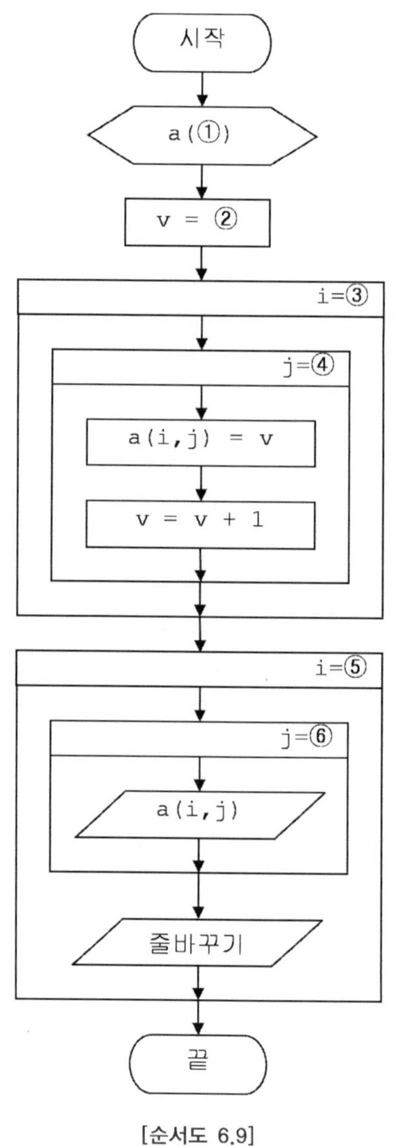

[순서도 6.9]

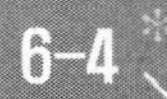

6-4 2차원 배열에 다음 데이터를 입력하고 출력 할 수 있는 순서도를 완성하시오.

4	7
5	8
6	9

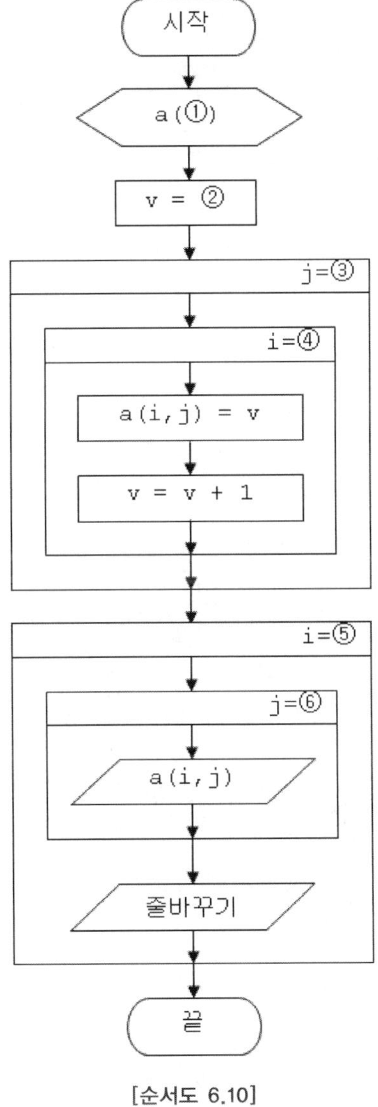

[순서도 6.10]

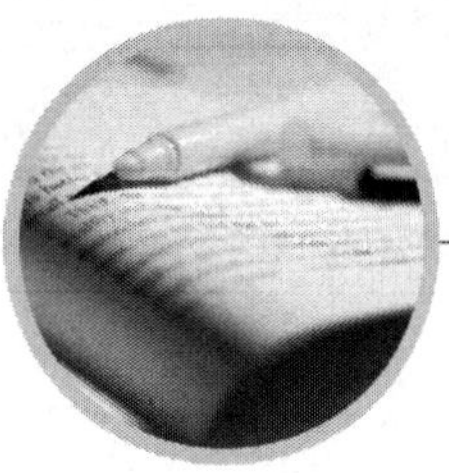

memo

CHAPTER 07

문자열 함수

| CHAPTER 07 | 문자열 함수

학습목표

이 장에서는 문자열에 대한 개념, 문자열 함수에 관해 기술한다. 프로그램에서 문자열 처리는 프로그램의 수준을 한 단계 올릴 수 있는 도구가 된다.

문자열 처리 명령은 문자열 길이, 문자열 부분 처리, 문자열 변환, 소문자와 대문자 처리 명령 등으로 구분하여 기술하며 응용력을 향상시키기 위하여 문자열 역순처리, 문자를 변경, 문자열 분리 등의 문제를 이해하고 숙달한다.

이 장의 구성

7-1. 문자열과 포인터 변수
7-2. 문자열 길이 명령
7-3. 부분 문자열 처리
7-4. 문자열 복사, 연결 명령
7-5. 대문자, 소문자 및 수치변환
7-6. 문자열 역순
7-7. 문자 변경
7-8. 문자열 분리

문자열(string)은 연속된 문자들의 모임이며 문자열 데이터를 필요에 의해 재구성 할 수 있도록 정의 해둔 함수들을 문자열 함수라고 하며, 대표적인 함수는 strlen, strcpy, strcat, tolower, toupper 등이 있으며 유틸리티 함수인 atoi, 연산자인 sizeof 등을 살펴보자.

7-1 * 문자열과 포인터 변수

■ 포인터란 무엇인가?

자료를 선언하는 방법은 char ch; 와 같이 문자1개를 보관할 수 있는 변수 ch와 같이 선언할 수 있고 char *p와 같이 '*'를 사용할 수 있는데 이를 포인터를 이용한다고 한다. *p에서 p는 메모리 번지를 의미하며 숫자이고 만약 p=1234이면 *p는 1234번지의 내용이 된다. 다음 프로그램을 살펴보자.

```
char ch = 'a';
   char *p;


p = &ch    /* 명령 실행 후 *p='a' */
*p = 'b'   /* 명령 실행 후 *p='b', ch='b'
```

'&ch' 는 ch가 보관되어 있는 메모리 번지를 의미하며 '&' 는 변수가 보관되어 있는 번지를 구할 수 있는 기능이 된다. 'p=&ch'를 실행하기 전에는 p의 값은 알 수 없는 값이 보관되어 있다.

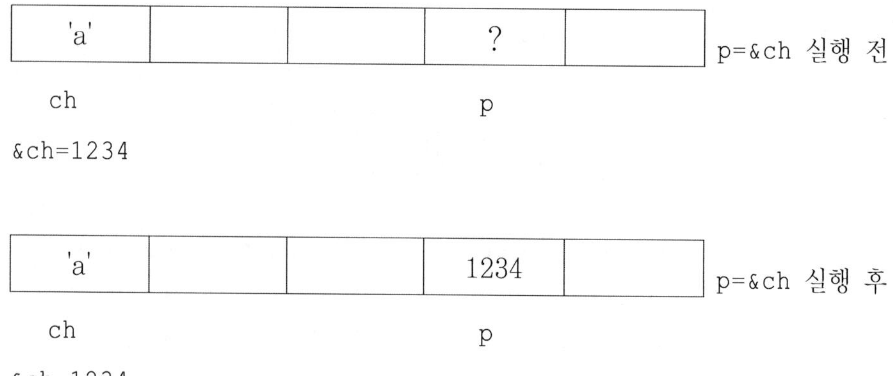

'p=&ch' 를 실행한 후에는 만약 ch가 보관된 번지가 1234이면 &ch=1234이므로 p=1234가 된다. 즉 *p는 1234번지의 내용이므로 'a'가 된다.

위와 같이 p값이 결정된 후에는 *p='b'와 같이 *p를 변수 형태로 사용 할 수 있다.

다음 프로그램에서 포인터의 변화를 확인하여 보자.

```c
/* p07-p1.c */
#include <stdio.h>
#include <string.h>
void main()
{
        char ch1='a';
        char *p;

        p=&ch1;
        *p='b';

        printf("%c %c", ch1, *p);
        printf("\n");
}
```

위의 실행결과는 'b b'가 됨을 알 수 있다. *p='b'와 같이 *p는 변수 취급을 할 수 있는 방법이 된다. C 언어에서 문자변수를 잘 활용하기 위해서는 포인터 개념을 정확하게 알고 있어야 한다. 포인터를 처음 배우는 경우 위 예제에서 정확한 포인터의 개념을 파악할 수 있으므로 이해 될 때까지 반복하여 살펴보아야 한다.

■ 문자열(string)

C 언어에서는 문자1개와 연속문자의 처리 방법이 다르다. 연속문자를 스트링 (string)이라고 하며 연속문자는 1차원 배열을 이용하여야 한다.

```
char ch1='k';
char s[6]="abc12";
```

위 문장에서 1개 문자와 스트링은 ' 와 " 로 구별이 된다. "abc12"는 5개 문자이지만 s[6]으로 선언이 되어 있다. 문자는 5개이지만 문자 뒤에 null 문자('₩0', 아스키코드의 값이 0임)가 있어야 문자열의 끝임을 알 수 있도록 설계되어 총 6개 문자이므로 1차원 배열이 s[6]으로 선언이 되어야 한다. 즉 문자열인 경우 문자수 +1로 1차원 배열이 되어야 한다. s[6]="abc12"로 선언을 하면 컴파일러가 자동으로 널 문자를 생성한다.

'a'	'b'	'c'	'1'	'2'	'\0'		
s[0]	s[1]	s[2]	s[3]	s[4]	s[5]		

■ strlen(문자열)

문자열 또는 변수를 저장하는데 필요한 바이트 수를 반환하여 문자열인 경우 문자열의 길이가 되며 문자로 정의 했지만 s1 = ""와 같이 문자가 없는 경우 문자열의 길이는 0이 된다.

```
char s[6]="abc12";
char s1=""
char *p="abc12"

slen1=strlen(s);  /* 5 */
slen2=strlen(s1); /* 0 */
slen3=strlen(p);  /* 5 */
```

■ sizeof(자료형, 변수, 수식, 상수, 변수)

sizeof 연산자는 자료형, 변수, 수식, 상수, 변수 등이 메모리에서 차지하는 자료의 크기를 바이트 단위로 반환한다. Visual C++6.0에서는 정수, 실수가 모두 4바이트임을 알 수 있다.

```
int a=1;
float f=1.2;

size1=sizeof(a);     /* 4 */
size1=sizeof(f);     /* 4 */
size1=sizeof(int);   /* 4 */
size1=sizeof(float); /* 4 */
```

'p07-1

```c
/* p07-1.c */
#include <stdio.h>
#include <string.h>
void main()
{
    int slen, plen;
    char s[6]="abc12";
    char   *p="abc12";

    int a;
    char ch='k';
    float f;

    slen=strlen(s);
    plen=strlen(p);

    printf("%s %s \n", s, p);
    printf("%d %d %d \n", slen, plen, strlen("") );

    a=1, f=1.2;
    printf("%d %f \n", a, f);
    printf("%d %d %d \n", sizeof(a), sizeof(ch), sizeof(f) );
    printf("%d %d %d \n",sizeof(int),sizeof(char),sizeof(float) );
    printf("\n");
}
```

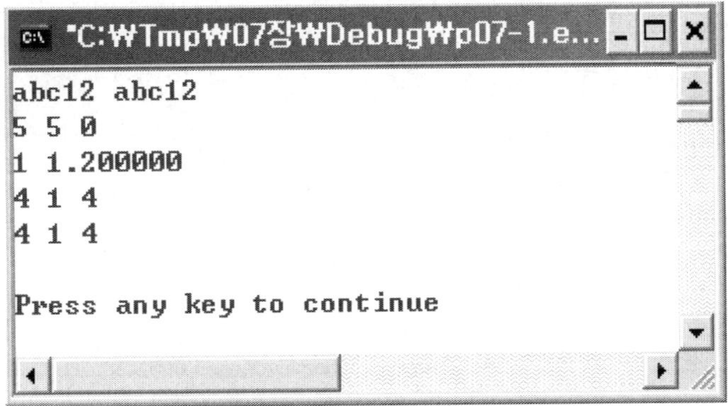

문자열에서 특정위치의 문자 1개만 지정하여 보자.

```
char s[10] = "s12345678";
char    *p = "s12345678";
char ch1, ch2, ch3, ch4;

ch1 = s[3], ch2 = p[3];
printf("%c %c", ch1, ch2);  /*3  3 출력 */
```

문자열 s[10]에서 s는 C 언어에서 번지를 의미하며 *p에서 p도 역시 번지이다. 문자열 s에서 s[0]='s', s[1]='1', s[2]='2', s[3]='3' 이므로 위의 프로그램에서 ch1=s[3] 이 실행되면 ch1은 '3' 이므로 '3' 을 출력하고 p[3]도 역시 '3' 을 출력한다. *p라고 정의하면 p[i]형태로 1차원 배열로 이용할 수 있다.

■ 문자열의 왼쪽부터 지정한 길이만큼 문자를 반환한다.

```
for (i = 0; i <= 2 ; i++) printf("%c", s[i]);
```

s[0], s[1], s[2]를 출력하면 's12'가 된다.

■ 문자열의 오른쪽부터 지정한 길이만큼 문자를 반환한다.

```
for (i = 6; i <= 8 ; i++) printf("%c", p[i]);
```

오른쪽 끝이 p[8]='8'이므로 p[6], p[7], p[8]이 출력이 되어 '678' 이 된다.

■ 문자열에서 시작위치 부터 지정한 길이만큼 반환한다.

```
for (i = 3; i <= 5 ; i++) printf("%c", s[i]);
```

s[3]~ s[5]까지를 출력하면 '345' 가 된다.

'p07-2

```c
/* p07-2.c */
#include <stdio.h>
#include <string.h>
void main()
{   int i, alen, plen;
    char s[10]="s12345678";
    char    *p="s12345678";

    alen=strlen(s);
    plen=strlen(p);
    printf("%s %s \n %d %d \n", s, p, alen, plen);

    for (i = 0; i <= 2 ; i++) printf("%c", s[i]);
    printf("\n");

    for (i = 3; i <= 5 ; i++) printf("%c", s[i]);
    printf("\n");

    for (i = 6; i <= 8 ; i++) printf("%c", p[i]);
    printf("\n");

    for (i = alen-3; i <= alen-1 ; i++)
        printf("%c", p[i]);
    printf("\n");
}
```

```
"C:\Tmp\07장\Debug\p07-2....
s12345678 s12345678
 9 9
s12
345
678
678
Press any key to continue
```

■ strcopy(sc, s1); 문자열 복사

두 문자열 사이의 복사(copy) 기능이며 sc에 s1의 문자열을 복사한다.

■ strcat(sc, s1); 문자열 연결

두 문자열을 연결하여 1개의 문자열로 만드는 기능이며 sc에 s1문자열을 연결한다.

```
char  s[6]="abc12";
char sc[20];
char  *p;

strcpy(sc, s);

strcat(sc, "def");

p=s;
printf("%s %s \n", s, p);
```

```
strcpy(sc, s);
```
문자열 sc에 문자열 s의 "abc12"가 복사가 된다.

```
strcat(sc, "def");
```
문자열 sc의 "abc12"에 문자열 "def"가 연결이 되어 sc는 "abc12def"가 된다.

```
p=s;
printf("%s %s \n", s, p);
```

문자열 s의 번지가 p가 되므로 *p는 "abc12"의 값이 된다.

'p07-3

```c
/* p07-3.c */
#include <stdio.h>
#include <string.h>
void main()
{
    char  s[6]="abc12";
    char sc[20];
    char  *p;

    strcpy(sc, s);
    printf("%s %s \n", sc, s);

    strcat(sc, "def");
    printf("%s \n", sc);

    printf("%d %d \n", strlen(sc), sizeof(sc) );

    p=s;
    printf("%s %s \n", s, p);

    printf("\n");
}
```

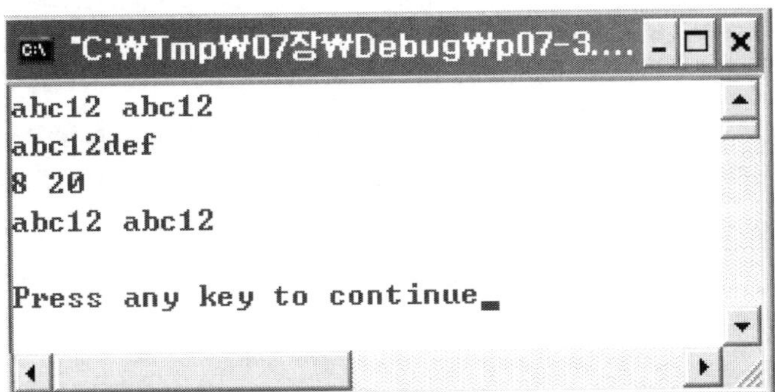

■ **tolower(ch1)**

ch1 문자를 대문자인 경우 소문자로 변환하여 반환한다.

■ **toupper(ch1)**

ch1 문자를 소문자인 경우 대문자로 변환하여 반환한다.

■ **atoi(s1)**

문자열 s1을 int형 값으로 변환 시킨다.

```c
char  s[10]="1234";
char  ch;

int i, j;

i = atoi(s) + 1;
j = atoi(s+1) + 1;

ch=tolower('A');  /* ch = 'a'  */

ch=toupper('a');  /* ch = 'A' */
```

```c
i = atoi(s) + 1;
```
문자열 s는 "1234" 이므로 atoi(s)는 수치 1234가 되고 +1이 되면 i=1235가 된다.

```c
j = atoi(s+1) + 1;
```
문자열 s+1은 "1234" 의 2의 위치를 의미하므로 s+1은 문자열 "234" 를 의미하므로 수치 234+1이되어 j=235가 된다.

'p07-4

```c
/* p07-4.c */
#include <stdio.h>
#include <string.h>
#include <stdlib.h>
void main()
{
    char  s[10]="1234";
    char   ch;

    int i, j;

    i = atoi(s) + 1;
    j = atoi(s+1) + 1;

    printf("%d %d\n", i, j);

    ch=tolower('A');

    printf("%c \n", ch);

    ch=toupper('a');

    printf("%c \n", ch);

    printf("\n");
}
```

입력된 문자열 "ABCDE"를 역순으로 출력하여 보자.

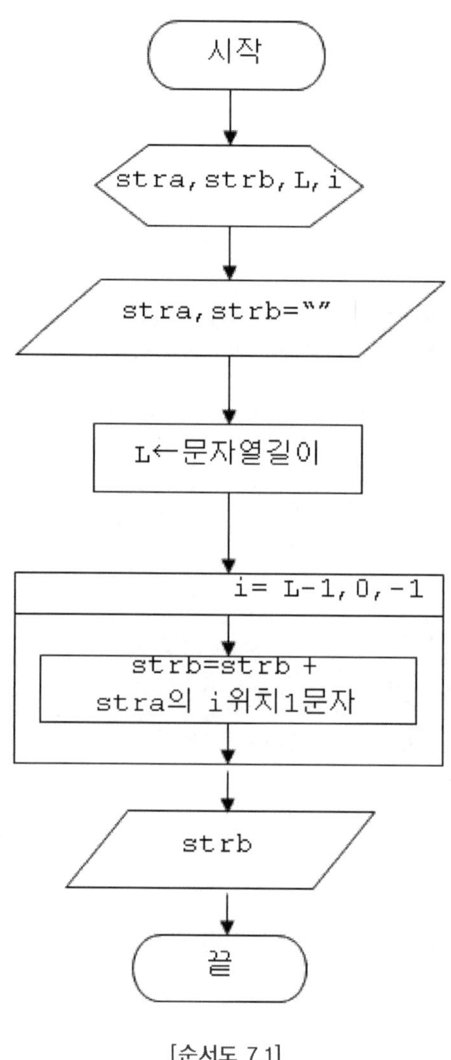

[순서도 7.1]

'p07-5

```c
/* p07-5.c */
#include <stdio.h>
#include <string.h>
#include <stdlib.h>

void main()
{
    char stra[6]="ABCDE";
    char strb[6]="";
    int i, L;

    L=strlen(stra);
    printf("%d \n", L);

    for(i = L-1; i >= 0; i--)
        strb[ (L-1) - i ] = stra[i];

    printf("%s \n", stra);
    printf("%s \n", strb);

    printf("\n");
}
```

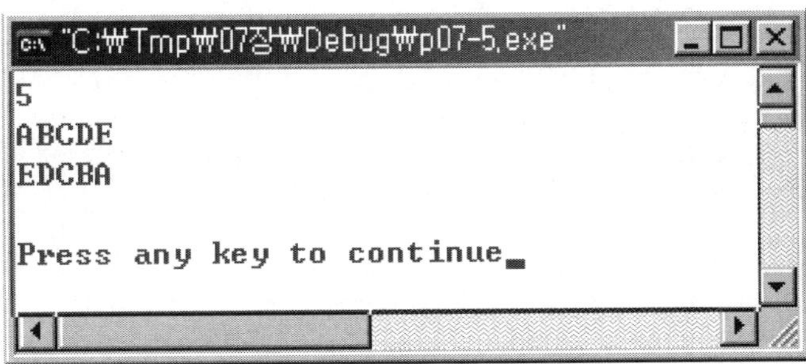

입력된 문자열 "ABCDEabcde"에서 "B"이면 "1"로 "cd"이면 "23"으로 변경하여 보자.

2번째 순환구조 for 문에서 "i <= L−2" 이며 2번째 순환구조에서는 2문자씩 비교하므로 i의 마지막 위치는 L−2이 되어야 문자열의 경계범위를 넘지 않는다.

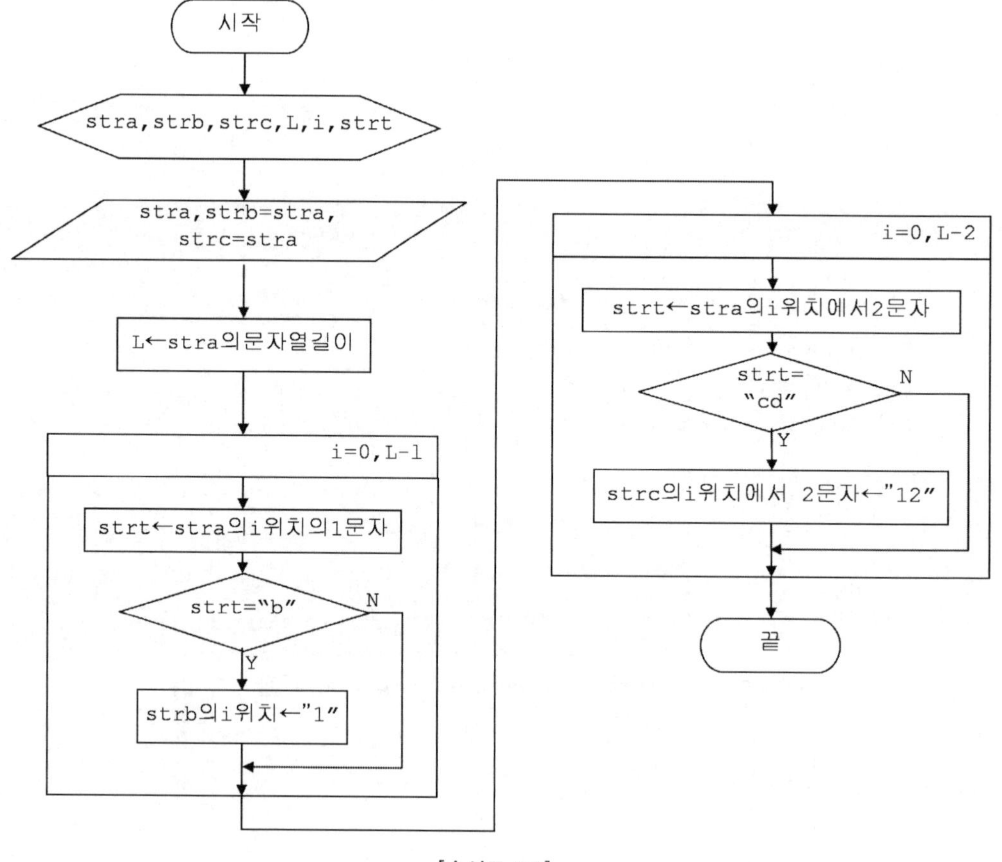

[순서도 7.2]

'p07-6

```c
/* p07-6.c */
#include <stdio.h>
#include <string.h>
#include <stdlib.h>
void main()
{
    char stra[11]="ABCDEabcde";
    char strb[11]="", strc[11]="";

    int i, L;
    L=strlen(stra), printf("%d \n", L);

    strcpy(strb, stra);
    strcpy(strc, stra);

    for(i = 0; i <= L-1; i++) {
        if (stra[i] == 'B')
            strb[i] = '1';
    }
    for(i = 0; i <= L-2; i++) {
        if (stra[i] == 'c' && stra[i+1] == 'd'   )
            strc[i] = '2', strc[i+1] = '3';
    }
    printf("%s \n%s \n%s \n", stra, strb, strc);

    printf("\n");
}
```

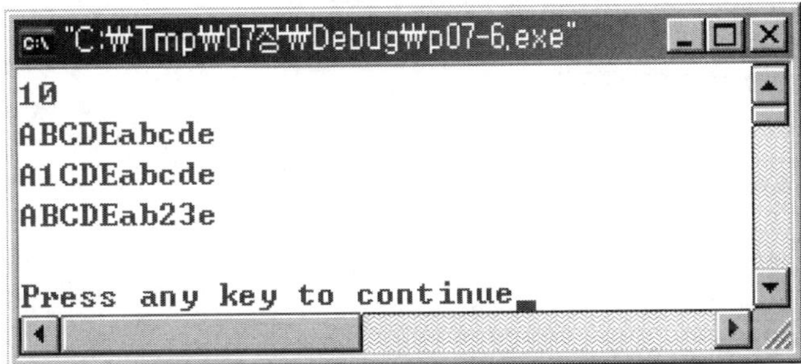

입력된 문자열 "ABCDE-12345"에서 "-"를 중심으로 "ABCDE"는 문자열 strb에 입력하고 inta에는 "12345"를 수치화 하여 +1하여 입력하여 보자.

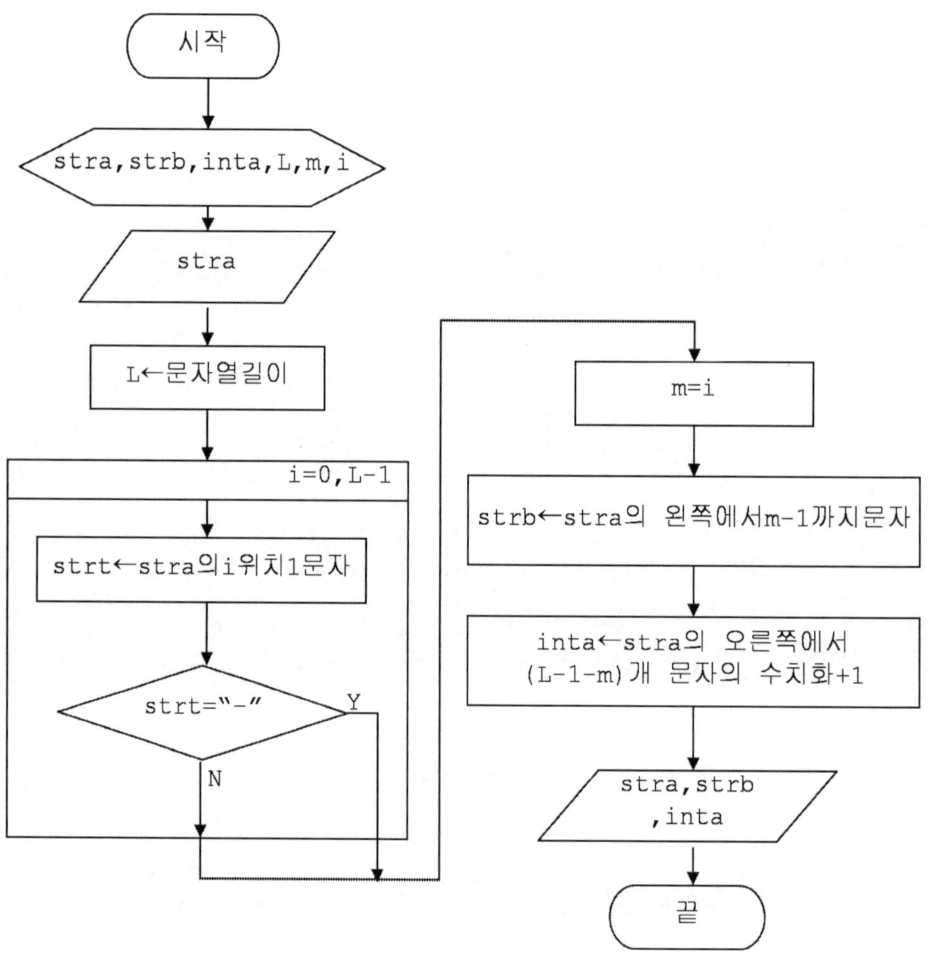

[순서도 7.3]

'p07-7

```c
/* p07-7.c */
#include <stdio.h>
#include <string.h>
#include <stdlib.h>
void main()
{
    char stra[12]="ABCDE-12345";
    char strb[12]="";

    int i, inta, m, L;
    L=strlen(stra), printf("%d \n", L);

    for(i = 0; i <= L-1; i++)
        if (stra[i] == '-') break;

    m=i;
    for(i = 0; i <= m-1; i++) {
        strb[i] = stra[i];
    }
    inta = atoi( stra + m + 1 ) +1;

    printf("%s \n%s \n", stra, strb);
    printf("%d \n", inta);

    printf("\n");
}
```

```
"C:\Tmp\07장\Debug\p07-7.exe"
11
ABCDE-12345
ABCDE
12346


Press any key to continue
```

7-1 다음 프로그램의 출력 결과는 무엇인가?

| 'p07-8 |

```c
/* p07-8.c */
#include <stdio.h>
#include <string.h>
void main()
{
    int a1 = 1234;
    int a2 = 1.23;

    int L, inta;
    char str[20]="A 한글123";

    L = strlen(str);
    printf("%d \n", L);

    inta = atoi( str + 6 ) +1;
    printf("%d \n", inta);

    L = sizeof(a1);
    printf("%d \n", L);

    L = sizeof(a2);
    printf("%d \n", L);

    strcat(str, "bcd");
    printf("%s \n", str);
}
```

7-2 입력된 문자 "ABCDEFG"를 역순으로 출력하는 순서도를 완성하고 프로그램의 출력 결과는 무엇인가?

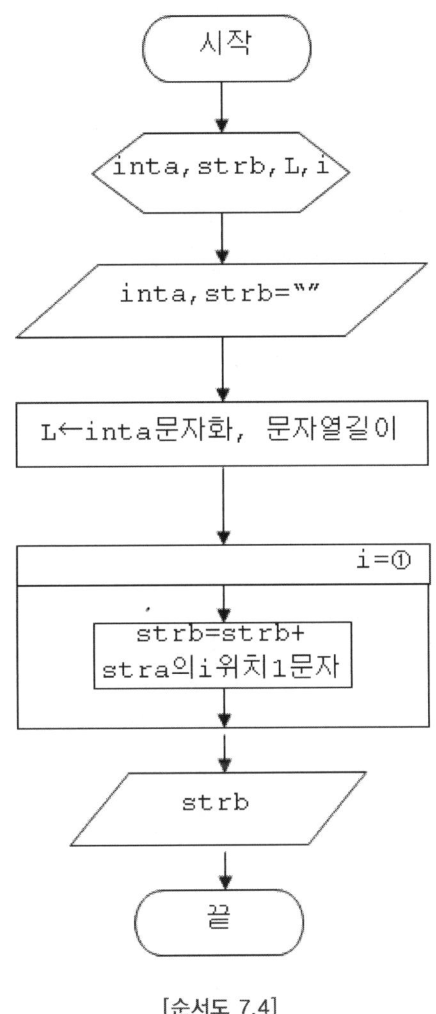

[순서도 7.4]

입력된 문자열 "ABCDEabcde"에서 "C"이면 3, "ab"이면 "67"로 변경하는 순서도를 완성하고 프로그램의 출력 결과는 무엇인가?

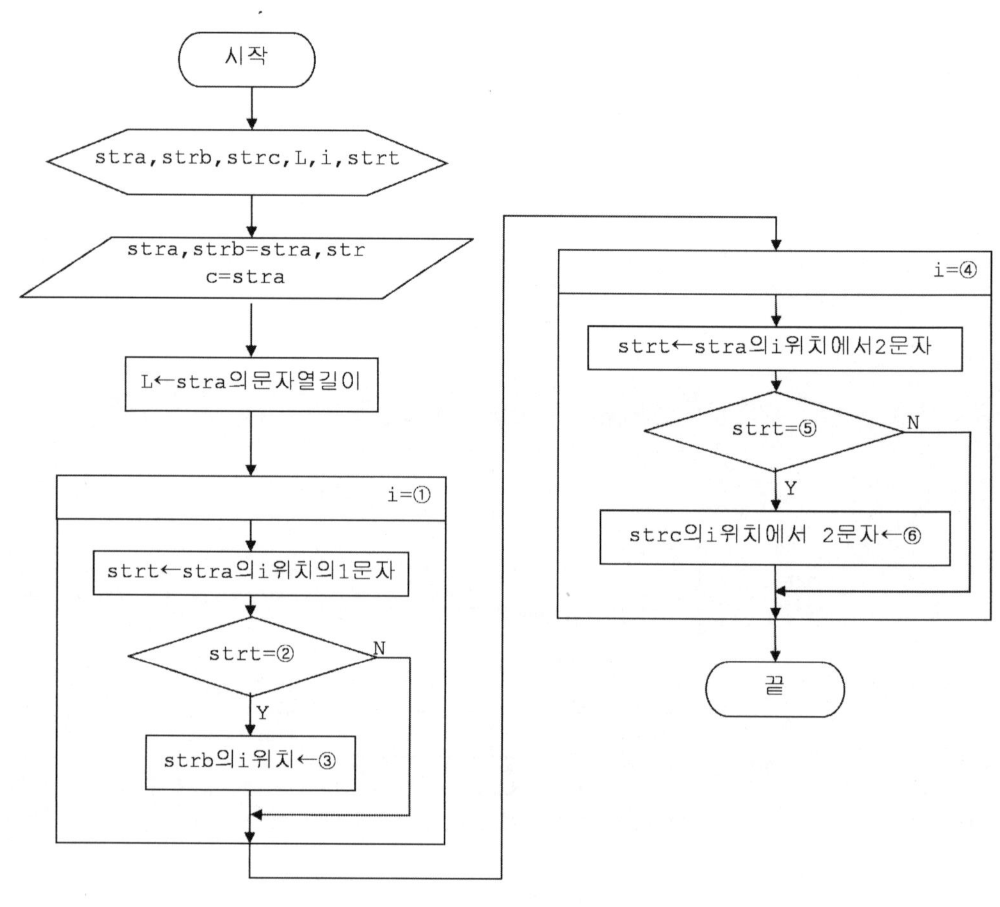

[순서도 7.5]

7-4 입력된 문자열 "12345*ABCDE"에서 "*"를 중심으로 "ABCDE"는 문자열
strb에 입력하고 inta에는 "12345"를 수치화하여 +1 하여 입력하는 순서도를
완성하고 프로그램의 출력 결과는 무엇인가?

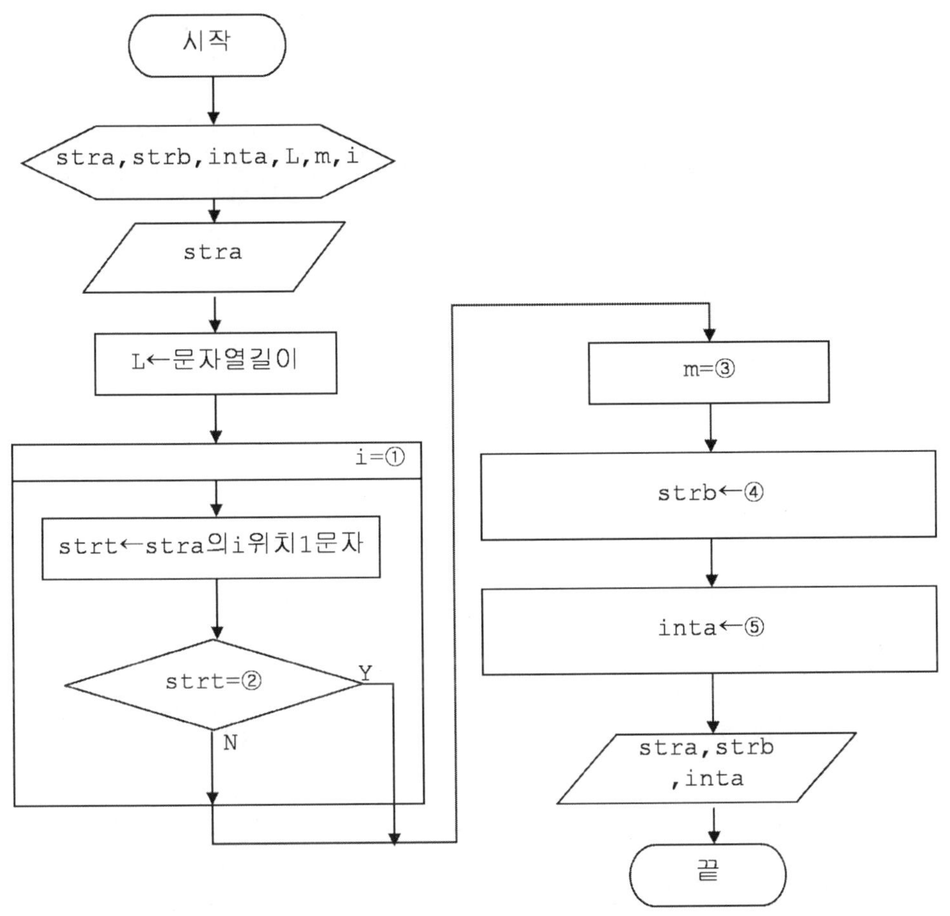

[순서도 7.6]

memo

CHAPTER

08

기본 알고리즘(1)

| CHAPTER 08 | 기본 알고리즘(1)

학습목표

이 장에서는 기본 알고리즘에 관해 기술한다.
7장까지는 프로그램에 사용되는 프로그램의 기본 구조, 기본 명령에 대한 설명이고 8장 이후는 응용편이 된다.
기본 알고리즘(1)에는 범위의 개수, 최소값과 최대값, 석차, 등차 수열, 등비수열, 스위치 변수, 피보나치수열의 문제를 실습을 통하며 숙달한다.

이 장의 구성

8-1. 범위의 개수
8-2. 최대값과 최소값
8-3. 석차
8-4. 등차 수열
8-5. 등비수열
8-6. 스위치변수
8-7. 피보나치수열

CHAPTER 08

기본 알고리즘(1)

8-1 ✳ 범위의 개수 구하기

배열에 5개의 데이터 (5, 3, 1, 4, 2)가 있는 경우 3이상의 숫자는 몇 개인가?
3이상은 3이 포함되므로 5, 3, 4이며 3개가 된다

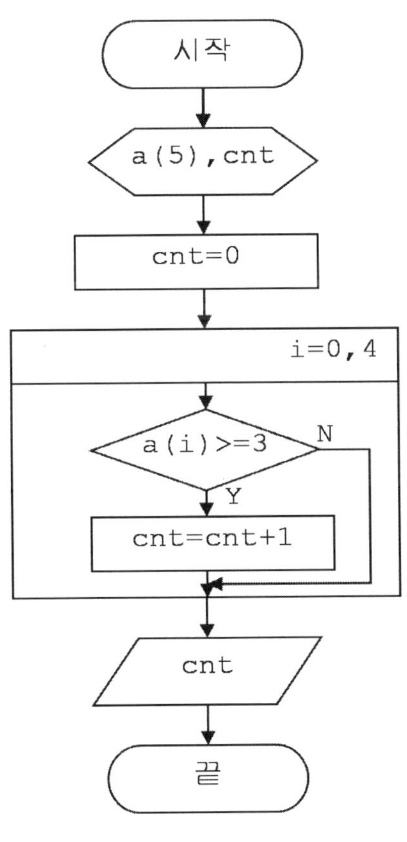

[순서도 8.1]

'p08-1

```c
/* p08-1.c */
#include<stdio.h>
#define MAX 5

void main()
{
    int i = 0, cnt = 0;
    int a[MAX] = {5, 3, 1, 4, 2};

    for(i = 0; i < 5; i++)
    {
        if(a[i] >= 3)
            cnt = cnt + 1;

        printf(" %d", a[i]);
    }
    printf("\n");

    printf(" %d", cnt);

    printf("\n");
}
```

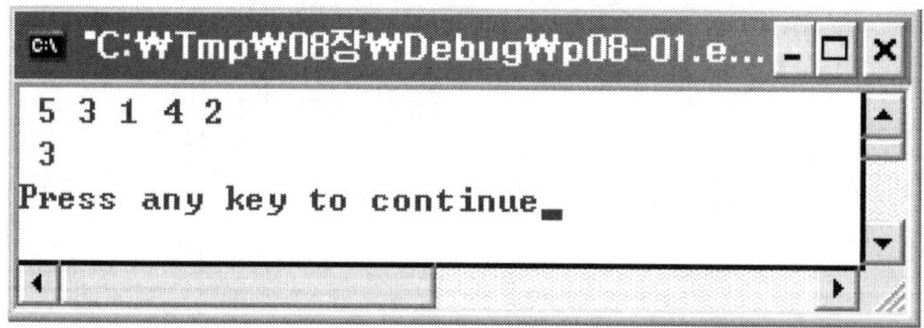

8-2 ⁎ 최대값과 최소값

배열에 5개의 데이터 (5, 3, 1, 4, 2)가 있는 경우 최대값(max)과 최소값(min)을 구하시오.

최대값과 최소값을 구하기 위해서는 최대값(max), 최소값(min)을 보관하는 변수가 필요하고 max와 min변수의 초기치는 예상 입력 데이터 값의 범위를 벗어나는 값을 사용하며 위 데이터인 경우 max=0, min=9이면 가능하다. 만약 학생들의 시험 점수이면 0~100 까지 이므로 max=-1, min=101 이면 예상 입력 데이터 값을 벗어나며 초기치 max는 min 보다 작은 것이 특징이다.

'p08-2

```c
/* p08-2.c */
#include<stdio.h>
void main()
{
    int i = 0, max = 0, min = 9;
    int a[5] = {5, 3, 1, 4, 2};

    for(i = 0; i < 5; i++)
    {
        if(a[i] > max)
            max = a[i];
        if(a[i] < min)
            min = a[i];
        printf(" %d", a[i]);
    }
    printf("\n %d %d \n", max, min);
}
```

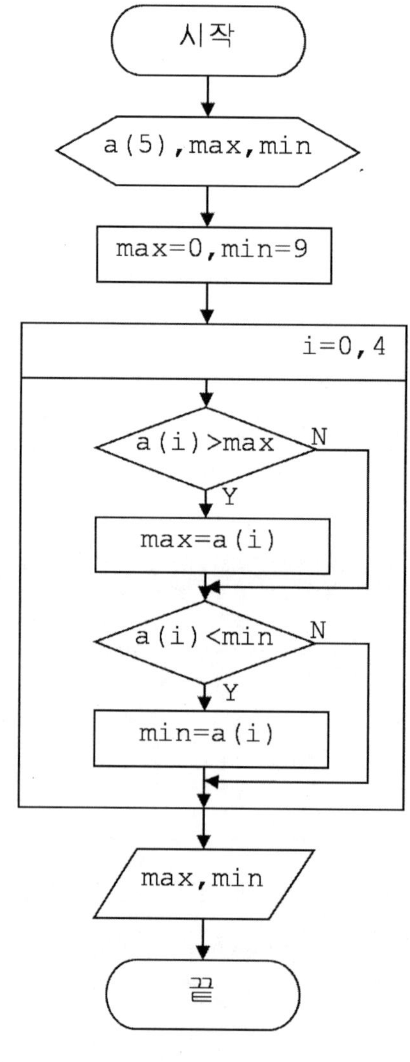

[순서도 8.2]

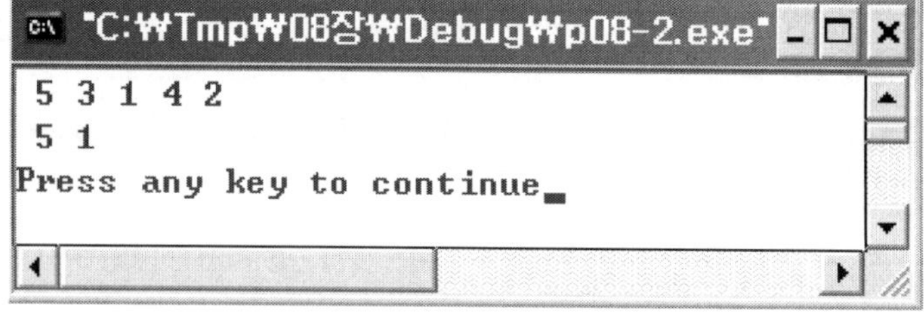

166

8-3 ⁎ 석차

배열에 5개의 데이터(5, 3, 1, 4, 2)가 있는 경우 석차를 구하여 보자.

5가 최고 큰 수 이므로 석차는 1등이 되며 석차는 R배열에 입력하자. R(1)에 0을 초기화 하고 첫 번째 데이터 5를 기준으로 하여 5개의 데이터 중 5<=A(i)이면 R(1)을 +1 하는 방법이다. 또한 3이 몇 등인가를 적용하면 R(2)=0 으로 초기화 하며 5개의 데이터 중 3<=A(i)이면 R(2)을 +1하므로 R(2)=3이 된다.

결국 해당 데이터의 등수를 0으로 초기화하고 등수를 알려고 하는 데이터 보다 같거나 큰 수가 있으면 자기 자신의 등수를 +1 하는 방법을 이용하는 것이 된다.

| 'p08-3 |

```c
/* p08-3.c */
#include<stdio.h>
void main()
{
    int i = 0, j = 0;
    int a[5] = {5, 3, 1, 4, 2};
    int r[5] = {0, 0, 0, 0, 0};

    for(i = 0; i < 5; i++)
    {
        for(j = 0; j < 5; j++)
        {
            if(a[i] <= a[j])
                r[i] = r[i] + 1;
        }
        printf(" %d %d \n", a[i], r[i]);
    }
}
```

시작
a(5),r(5)
r(5)초기화
i=0,4
j=0,4
a(i)<=a(j)
N
Y
r(i)=r(i)+1
a(i),r(i)
끝

[순서도 8.3]

"C:\Tmp\08장\Debug\p08-3.exe"
5 1
3 3
1 5
4 2
2 4
Press any key to continue

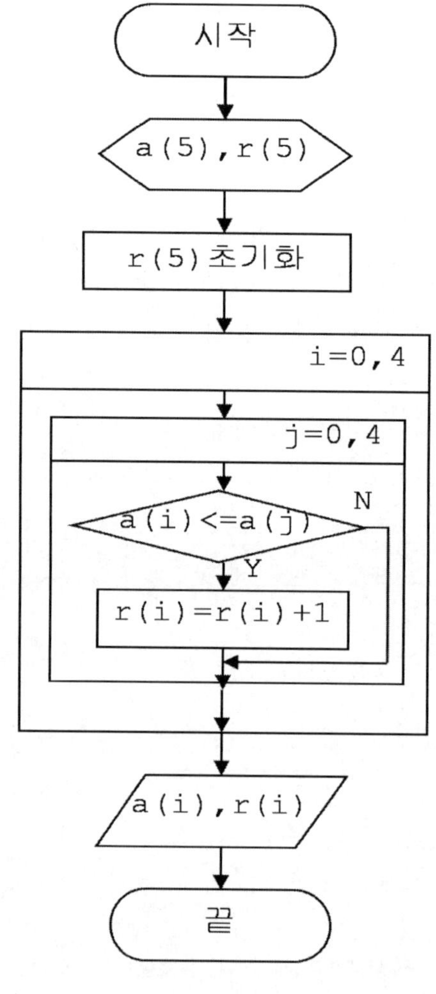

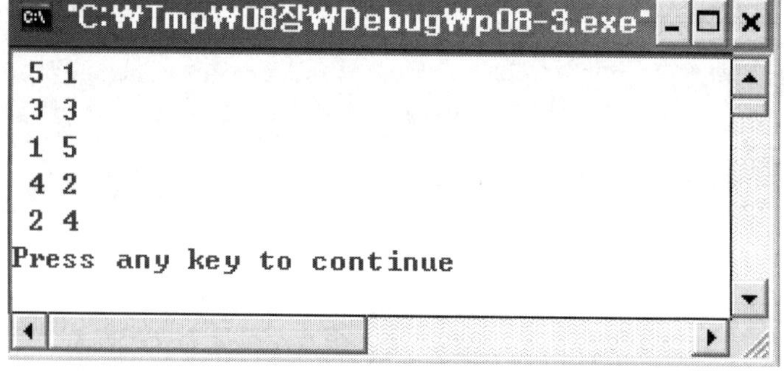

8-4 * 등차 수열

다음과 같은 데이터가 있는 경우 5번째 까지 항의 합을 구하여 보자.

[표 8.1] 등차 수열

데이터	2	5	8	11	14	17	···	2+(n−1)*3
항	a_1	a_2	a_3	a_4	a_5	a_6		a_n
항의 값	a_1	a_1+d	a_2+d	a_3+d	a_4+d	a_5+d		$a_{n-1}+d$
일반항	a_1	a_1+1d	a_1+2d	a_1+3d	a_1+4d	a_1+5d		$a_n=a_1+(n-1)d$

등차 수열이란 각 항에 일정한 수를 더하면 다음 항이 된다. 표 8.1에는 초기항 $a_1=2$ 이고 더하는 일정한 수는 3이며 이를 공차라 하며 a_i항은 $a_{i-1}+d$가 된다. 또한 등차 수열에서 일반항은 $a_n=a_1+(n-1)*d$가 됨을 알 수 있다.

순서도에서는 $a_i=a_{i-1}+d$를 이용한다.

`'p08-4`

```c
/* p08-4.c */
#include<stdio.h>
void main()
{
    int a1=2, d=3, s=0, i=0, ai;
    ai = a1, s = ai;

    for(i = 2; i <= 5; i++) {
        ai = ai + d;
        s = s + ai;
    }
    printf("%d \n", s);
}
```

시작
a1=2,d=3,s=0,ai
ai=a1,s=ai
i=2,5
ai=ai+d
s=s+ai
s
끝

[순서도 8.4]

"C:\Tmp\08장\Debug\p08-4.exe"
40
Press any key to continue

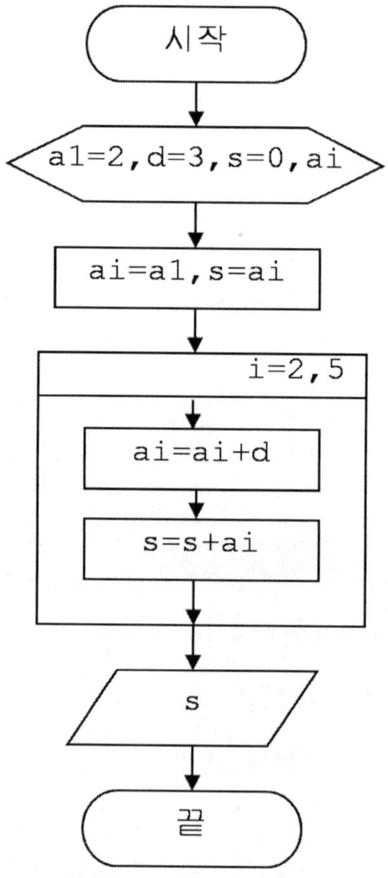

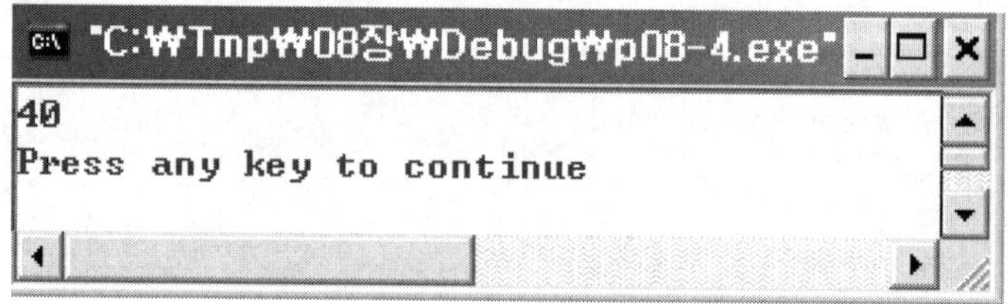

8-5 ※ 등비수열

다음과 같은 데이터가 있는 경우 5번째 까지 항의 합을 구하여 보자.

[표 8.2] 등비수열의 예

데이터	2	4	8	16	32	64	…	$2*2^{n-1}$
항	a_1	a_2	a_3	a_4	a_5	a_6		a_n
항의 값	a_1	$a_1 r$	$a_2 r$	$a_3 r$	$a_4 r$	$a_5 r$		$a_{n-1}*r$
일반항	a_1	$a_1 r^1$	$a_1 r^2$	$a_1 r^3$	$a_1 r^4$	$a_1 r^5$		$a_1 * r^{n-1}$

등비수열이란 지정한 항에 일정한 수를 곱하면 다음 항이 된다. 표 8.2에서는 초기 항 $a_1=2$이고 곱하는 수는 2이며 이를 공비라 하며 a_i항은 $a_{i-1}*r$이 된다. 등비수열의 일반항 $a_n=a_1*r^{n-1}$이 됨을 알 수 있다.

순서도에서는 $a_i=a_{i-1}*r$을 이용한다.

'p08-5

```c
/* p08-5.c */
#include<stdio.h>
void main()
{
    int a1=2, r=2, s=0, ai=0, i=0;
    ai = a1, s = ai;

    for(i = 2; i <= 5; i++)
    {
        ai = ai * r;
        s = s  + ai;
    }
    printf("%d \n", s);
}
```

시작
a1=2,r=2,s=0
ai=a1,s=ai
i=2,5
ai=ai*2
s=s+ai
s
끝

[순서도 8.5]

"C:\Tmp\08장\Debug\p08-5.exe"
62
Press any key to continue

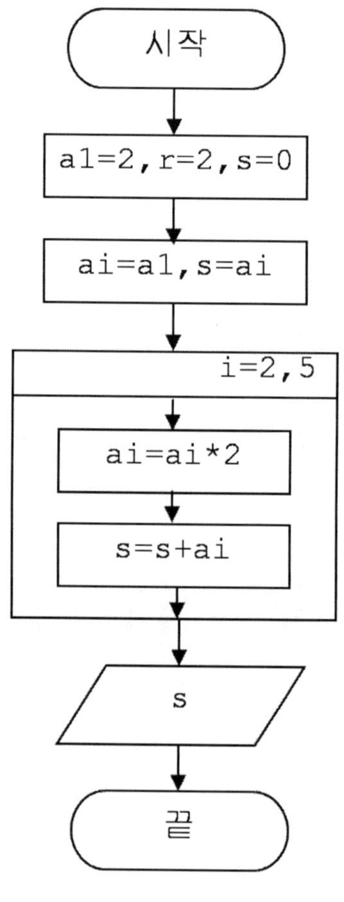

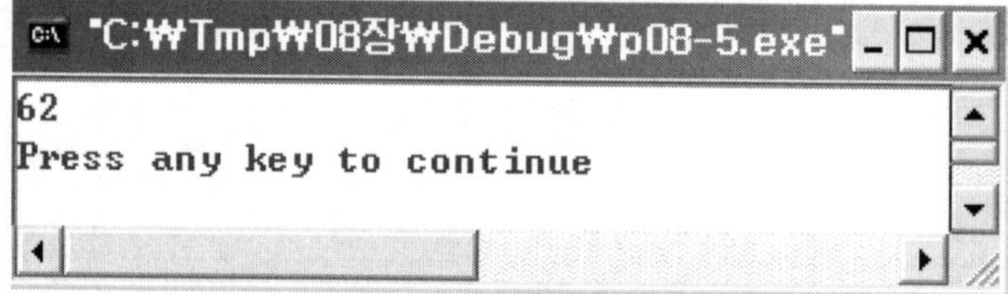

172

8-6 * 스위치 변수

다음과 같은 수열의 6번째 항까지 합을 구하여 보자

$$1 - 2 + 3 - 4 + 5 - 6 + 7 - 8 + 9 - 10$$

첫 항의 부호는 +이고 둘째 항은 −이며 문제의 모든 항에서 홀수 항의 부호는 + 짝수 항은 −가 된다. 즉 부호가 +에서 −로 계속 변화한다. 일반적으로 sw변수라고 하며 sw = sw * (−1)로 하면 이 문장을 실행할 때마다 sw 값의 부호가 변화하며 이 방법을 순서도에 적용한다.

'p08-6

```c
/* p08-6.c */
#include<stdio.h>
void main()
{
    int sw=1, s=0, i=0;

    for(i = 1; i <= 6; i++)
    {
        s = s + i * sw;
        sw = sw * (-1);
    }
    printf("%d \n", s);
}
```

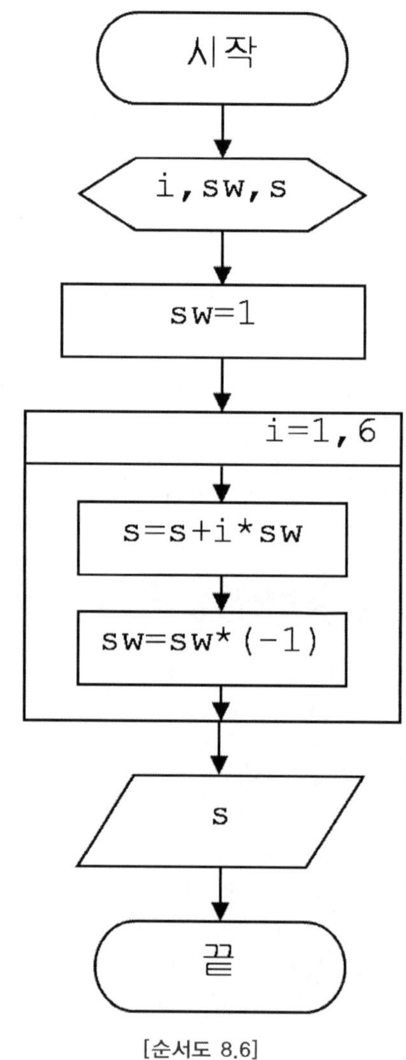

[순서도 8.6]

8-7 ❄ 피보나치수열

피보나치수열의 5번째 항까지의 합을 구하여 보자

```
1,  1,  2,  3,  5,  8, 13, 21, 34, 55,······
a_1, a_2, a_3, a_4, a_5, a_6, a_7, a_8, a_9, a_10
A,  B,  C
    A,  B,  C
```

피보나치수열이란 초기의 첫째 항과 둘째 항이 $a_1=1$, $a_2=1$로 정의 되며 앞의 연속된 2개 항을 합하면 다음 항이 되는 수열이며 일반항은 $a_n = a_{n-2} + a_{n-1}$ 이 되며 일반항은 셋째 항 a_3부터 의미가 있다. a_3항은 a_1+a_2이고 a_4항은 a_2+a_3 임을 알 수 있다.

a_1, a_2, a_3 이 각각 A, B, C이면 C는 A+B이고 a_2, a_3, a_4가 A, B, C이면 역시 C=A+B가 되므로 a_3=C 일 때 합을 구한 다음 a_2=A, a_3=B, a_4=C로 A, B, C를 오른쪽으로 자리이동을 하여 계속 C를 합하면 해결이 가능하다.

'p08-7

```c
/* p08-7.c */
#include<stdio.h>
void main()
{   int A=1, B=1, C=0, s=0, i=0;
    s = A + B;

    for(i = 3; i <= 5; i++) {
        C = A + B;
        s = s + C;
        A = B;
        B = C;
    }
    printf("%d \n", s);
}
```

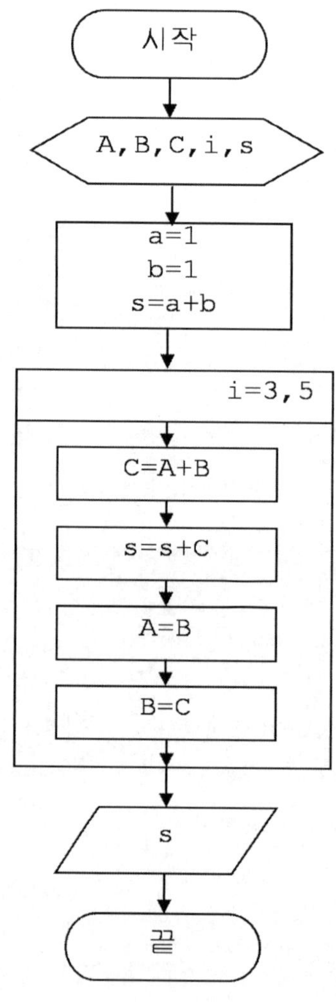

[순서도 8.7]

8-1 배열에 7개의 데이터 (6, 5, 3, 7, 1, 4, 2)가 있는 경우 4이상의 숫자는 몇 개인가의 순서도를 완성하시오.

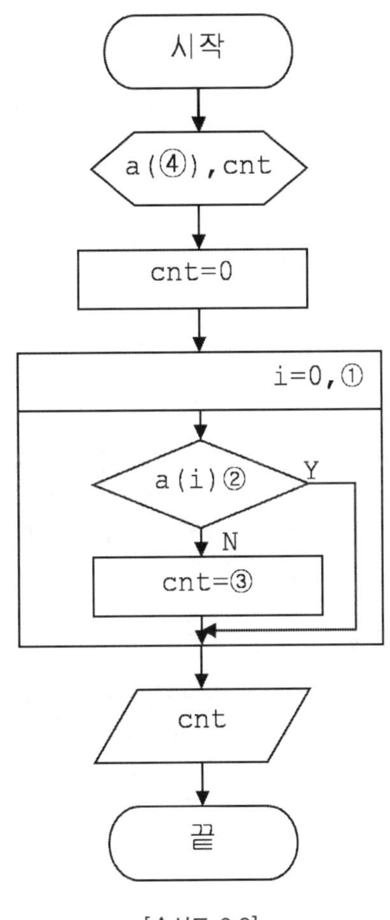

[순서도 8.8]

 배열에 8개의 데이터(6, 5, 3, 7, 1, 4, 2, 8)가 있는 경우 최솟값과 최댓값을 구하기 위한 순서도를 완성 하시오.

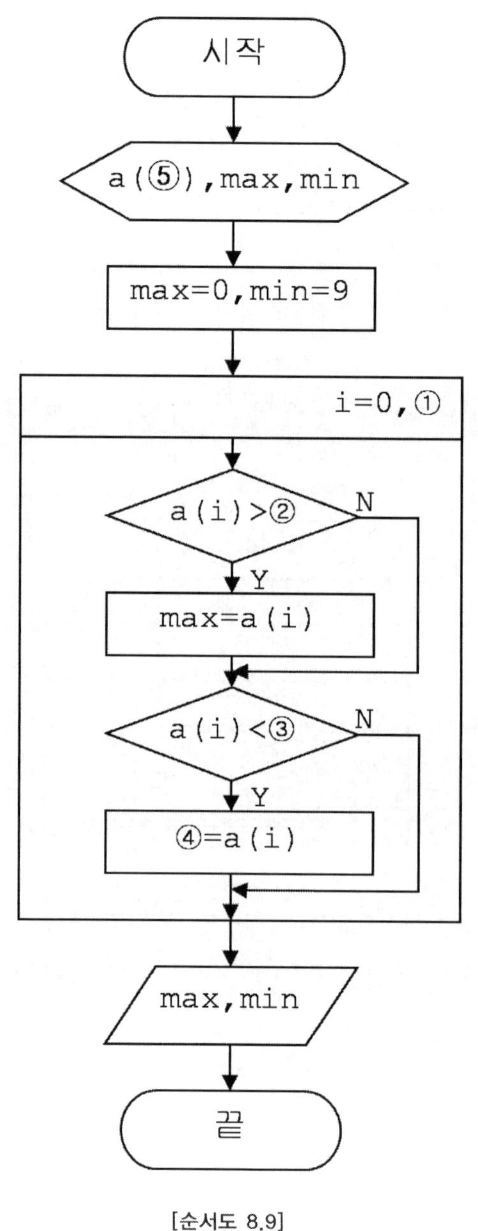

[순서도 8.9]

8-3 배열에 6개의 데이터 (6, 5, 3, 1, 4, 2)가 있는 경우 석차를 R배열에 입력하기 위한 순서도를 완성하시오.

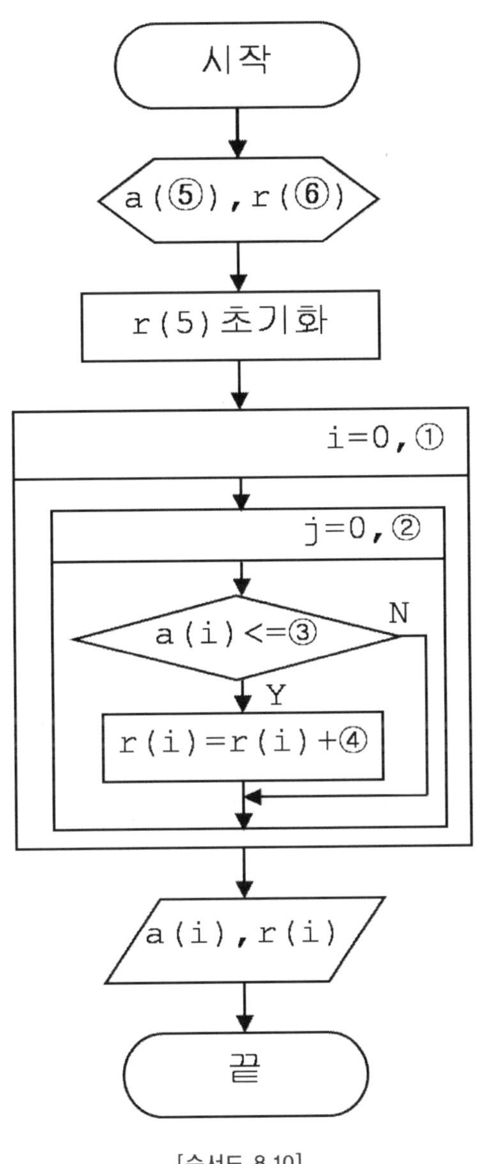

[순서도 8.10]

8-4 다음과 같은 데이터가 있는 경우 6번째 까지 항의 합을 구하는 순서도를 완성
하시오.

$$1, \ 3, \ 5, \ 7, \ 9, \ 11, \ 13, \ \cdots\cdots$$

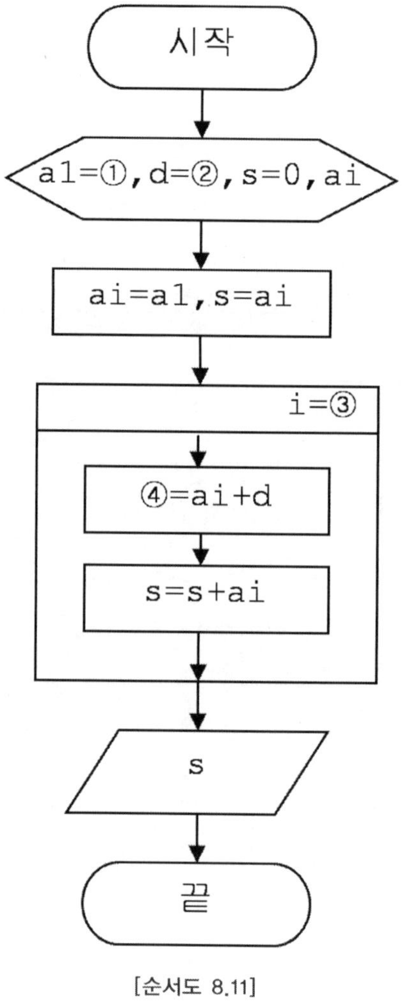

[순서도 8.11]

8-5 다음과 같은 데이터가 있는 경우 4번째 까지 항의 합을 구하는 순서도를 완성하시오.

1, 2, 4, 8, 16, 32, 64, 128, 256, 512, 1024, 2048, 4096, ……

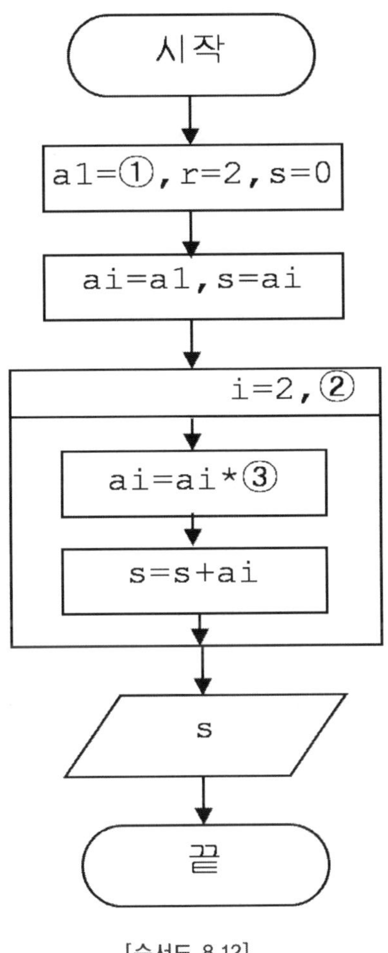

[순서도 8.12]

memo

CHAPTER

09

기본 알고리즘(2)

| CHAPTER 09 | 기본 알고리즘(2)

이 장에서는 앞 8장의 알고리즘에 비해 난이도가 약간 높으며 진법 변환에서는 문자열 처리 기능이 포함된다.

이 장에서는 공배수, 최대공약수, 가장 가까운 수, 진법변환 문제를 이해하며 프로그램의 응용력을 배양한다.

이 장의 구성

9-1. 공배수
9-2. 최대공약수
9-3. 가장 가까운 수
9-4. 10진수를 2진수로 변환
9-5. 10진수를 16진수로 변환
9-6. 2진수를 10진수로 변환
9-7. 16진수를 10진수로 변환

기본 알고리즘(2)

9-1 ✳ 공배수

1 ~ 10 까지 수 중에서 2의 배수도 되고 3의 배수가 되는 수를 구하여 보자.
6은 2의 배수도 되고, 3의 배수도 되며 공통인 배수 이므로 공배수이다.

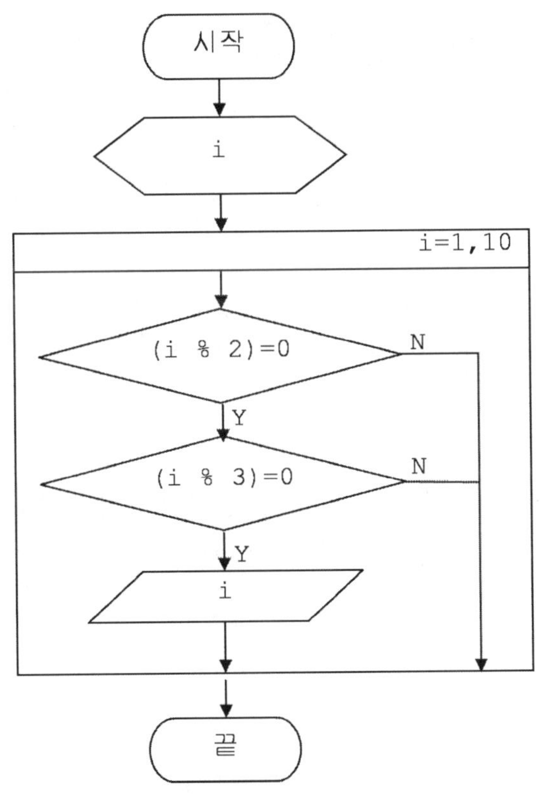

[순서도 9.1]

'p09-1

```c
/* p09-1.c */
#include<stdio.h>
void main()
{
    int i;

    for(i = 1; i <= 10; i++)
    {
        if ( (i % 2) == 0 )
            if ( (i % 3) == 0 )
                printf(" %d \n", i);
    }
}
```

9-2 ✳ 최대공약수

12와 16의 최대공약수를 구하여보자.

두 개의 정수에서 최대 공약수는 각각의 약수들 중에서 최대가 되는 수를 의미 한다. 12의 약수는 1, 2, 3, 4, 6 이고 16의 약수는 1, 2, 4, 8 이므로 공통인 약수 중 가장 큰 수인 최대공약수는 4가 된다.

유클리드(Euclid) 호제법을 이용하여 최대공약수를 구하려면 두 수 중 큰 수에서 작은 수를 빼고 결과와 두 수 중작은 수 와 비교하여 큰 수와 작은 수를 결정한다. 큰 수 와 작은 수가 결정 되면 위 과정을 반복하고 만약 큰 수와 작은 수가 같으면 이 수가 최대공약 수 이다. 만약 x=16, y=12이면 표 9.1와 같이 최대공약수는 4가 된다.

[표 9.1] 최대공약수 계산

단계	x	y	x-y
1	16	12	4
2	12	4	8
3	8	4	4
4	4	4	

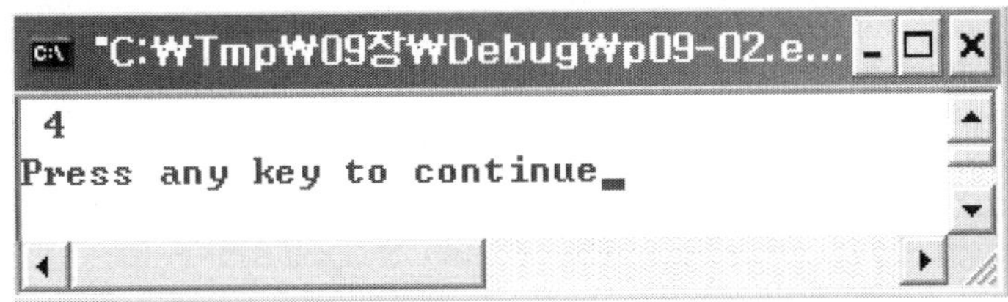

```c
/* p09-2.c */
#include<stdio.h>
void main()
{
    int x, y, t;
    x = 16, y = 12;
    if ( !(x > y) )
    {
        t = x;
        x = y;
        y = t;
    }
loop:
    if (x == y)
        printf(" %d \n", x);
    else
    {
        x = x - y;
        if (x > y)
            goto loop;
        else
        {   t = x;
            x = y;
            y = t;
        }
        goto loop;
    }
}
```

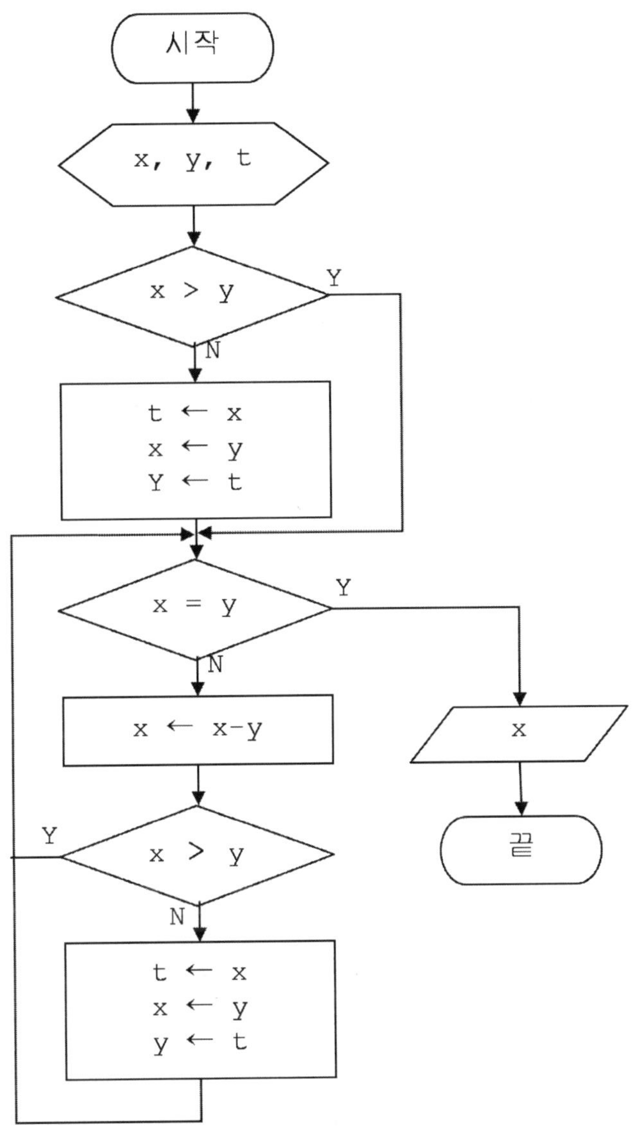

[순서도 9.2]

1 ~ 5 사이의 수 가운데 3.7과 가장 가까운 수는 무엇인가?

3과 3.7의 차이는 0.7이고 4와 3.7은 0.3 이 되므로 가장 가까운 수는 4가 된다.

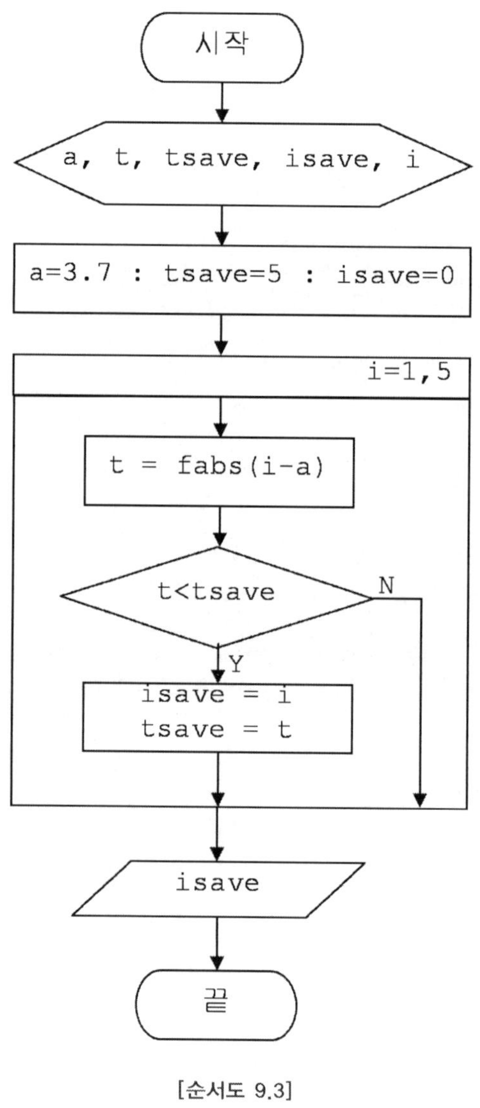

[순서도 9.3]

'p09-3

```c
/* p09-3.c */
#include <stdio.h>
#include <math.h>
void main()
{
    int i, isave;
    float a, tsave, t;

    a=3.7, isave=0, tsave=5;

    for(i = 1; i<=5; i++)
    {
        t = fabs(i-a);
        if (t < tsave)
        {
            isave = i;
            tsave = t;
        }
    }
    printf(" %d \n", isave);
}
```

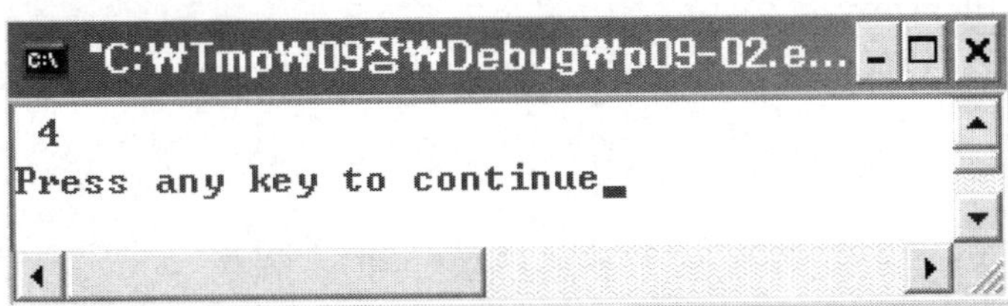

 ## 10진수를 2진수로 변환

10진수 4를 2진수로 변환 하여보자.

```
4 / 2  = 2 -- 0 (나머지)  B(1)  (=LSB)
2 / 2  = 1 -- 0           B(2)
1 / 2  = 0 -- 1           B(3)  (=MSB)
```

2진수로 변환하기 위해서는 10진수를 2로 나누어 몫과 나머지를 구하여 나머지를 기록하고 몫은 다시 2로 나누기를 계속하여 몫이 0 이 될 때까지 계속한다. 최종 나머지를 시작으로 나머지를 모두 읽으면 결과는 100_2 이 되며 마지막 나머지가 상위 자리수가 된다.

만약 0 ～ 255까지 10진수는 255= $1111\ 1111_2$ 이므로 2진수 8자리가 필요하다.

`'p09-4`

```c
/* p09-4.c */
#include <stdio.h>
void main()
{
    int i, a, k;
    int b[8];

    a = 4, i = 0;
loop:
    b[i] = a % 2;
    a = (int)(a / 2);

    if ( !(a == 0) ) {
        i=i+1, goto loop;
    }
    for(k = i; k >= 0; k--)
        printf(" %d ", b[k]);

    printf(" \n");
}
```

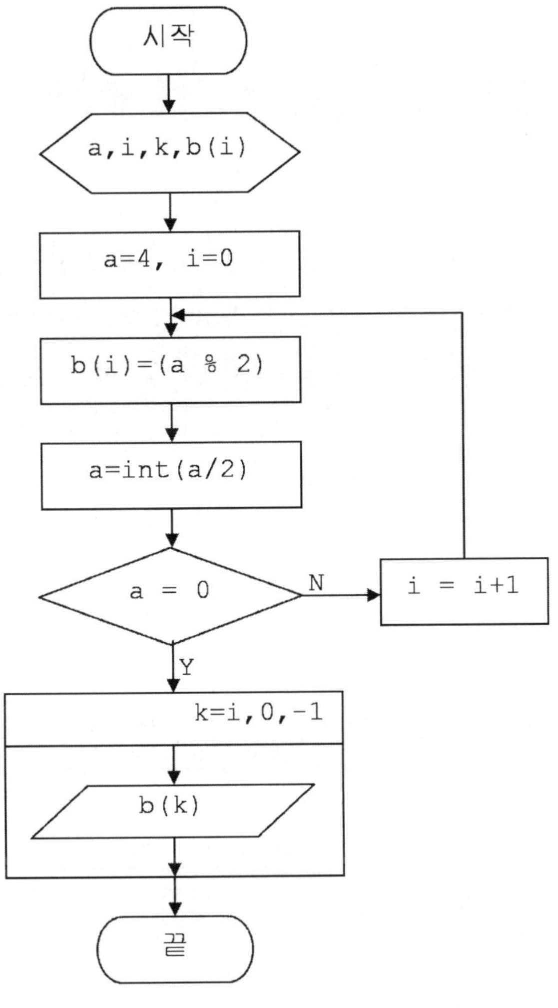

[순서도 9.4]

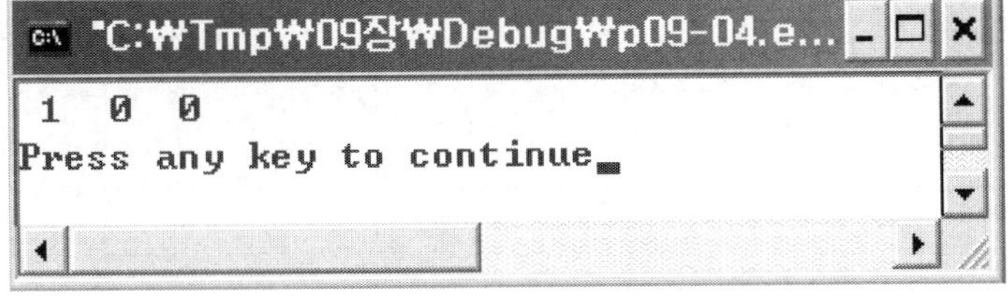

9-5 ※ 10진수를 16진수로 변환

10진수 31을 16진수로 변환 하여 보자

16진수로 변환하기 위해서는 10진수를 16으로 나누어 몫과 나머지를 구하여 나머지는 0 ~ 15가 된다. 몫을 다시 16으로 나누기를 계속하며 몫이 0 이 될 때 까지 계속한다. 최종 나머지를 시작으로 나머지를 모두 읽으면 결과는 $1F_{16}$가 되며 마지막 나머지가 상위 자리수가 된다.   결과는 $1F_{16}$가 되며 나머지가 15이므로 16진수에 해당하는 F 가 된다.

만약 0 ~ 255 까지 10진수는 $255=FF_{16}$ 이므로 16진수 2자리가 필요하며 16진수는 0 ~ 9, A, B, C, D, E, F 로 구성 되므로 결과를 보관하기 위해서는 문자를 보관하는 변수가 필요하다.

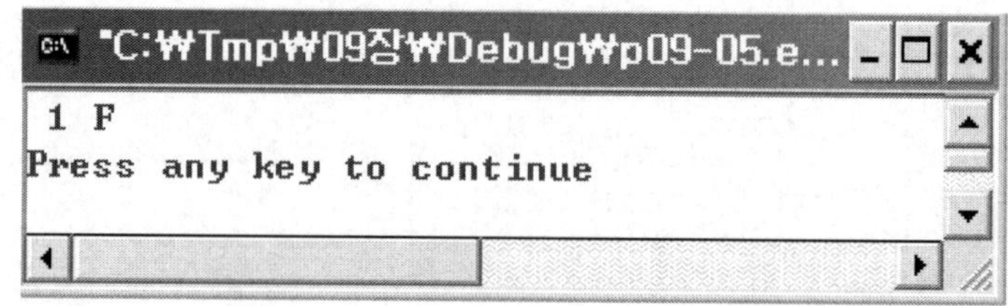

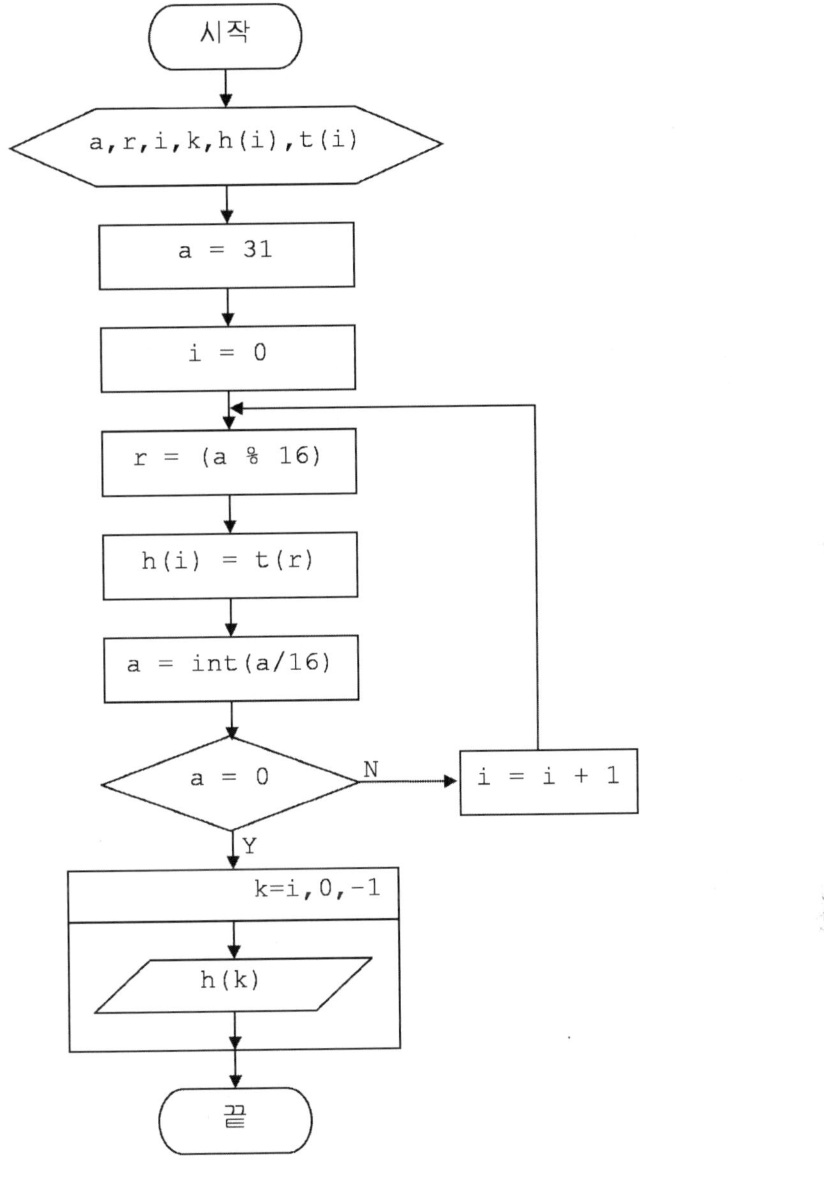

[순서도 9.5]

```c
/* p09-5.c */
#include <stdio.h>
void main()
{
    int a, r, i, k;
    char h[2];
    char t[17] = "0123456789ABCDEF";

    a=31, i=0;
loop:
    r = a % 16;
    h[i] = t[r];
    a=(int)(a / 16);

    if ( !(a == 0) )
    {
        i = i + 1;
        goto loop;
    }

    for(k = i; k >= 0; k--)
        printf(" %c", h[k]);

    printf(" \n");
}
```

9-6 ※ 2진수를 10진수로 변환

2진수 100_2을 10진수로 변환하여 보자.

$$100_2 = 1 * 2^2 + 0 * 2^1 + 0 * 2^0 = 4$$

입력이 문자열로 $100 = (b_2\ b_1\ b_0)$이 입력된다고 가정하자. 문자열로 입력되면 문자길이 처리 명령 Len 이용하여 몇 자리인가 분석을 하고 b_0, b_1, b_2 순서로 b_0 는 2^0을 곱해야 함으로 P=0 이 된다. b_1의 위치에서는 2^1을 곱해야 함으로 P=1이 된다.

'p09-6

```c
/* p09-6.c */
#include <stdio.h>
#include <string.h>
#include <math.h>
void main()
{   int lena, p, d, b, i;
    char stra[8] = "100";

    lena = strlen(stra);
    p = 0, d = 0;
    for(i = lena-1; i >= 0; i--) {
        if (stra[i] == '0')
            b=0;
        else
            b=1;
        d = d + b * pow(2, p);
        p = p + 1;
    }
    printf(" %d", d);
    printf("\n");
}
```

시작
stra,lena,p=0,d=0,b
stra = "100"
lena←stra의 문자길이
i=lena-1,0,-1
b←stra의 i위치 1문자를 수치화
d = d+b*2^p
p = p+1
d
끝

[순서도 9.6]

"C:\Tmp\09장\Debug\p09-06.e...
4
Press any key to continue

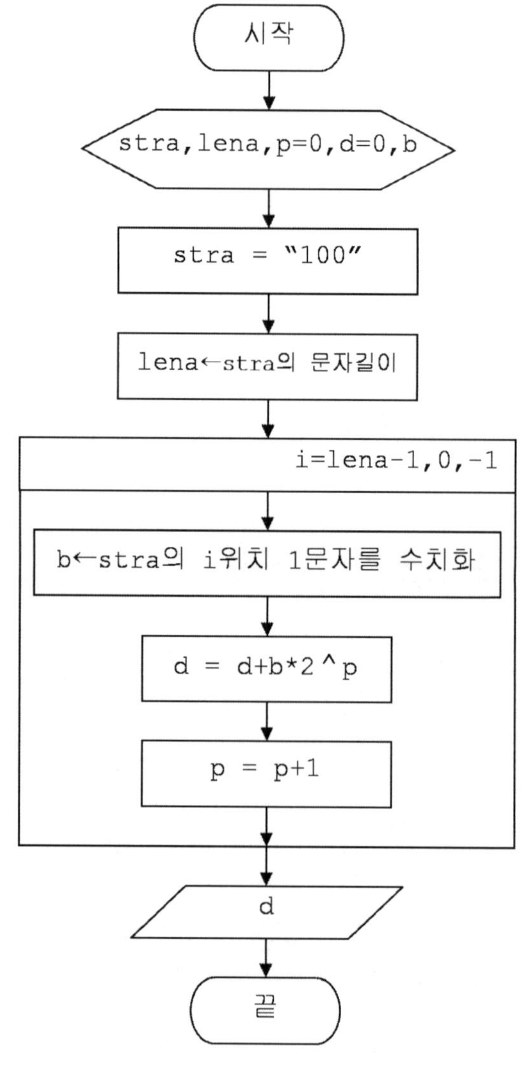

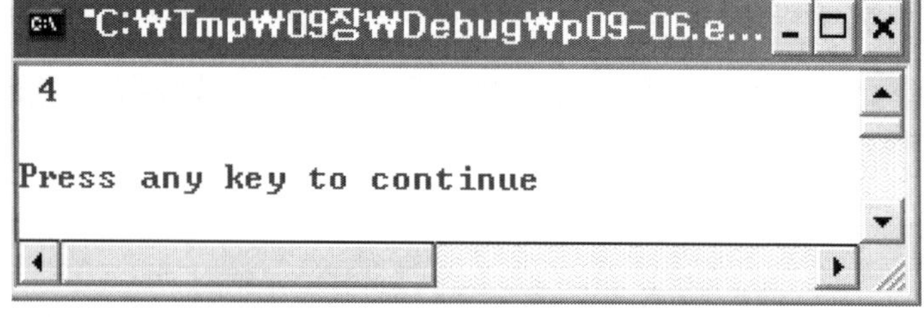

9-7 ✳ 16진수를 10진수로 변환

16진수 $1F_{16}$를 10진수로 변환하여 보자.

$$1F_{16} = 1 \ast 16^1 + 15 \ast 16^0 = 31_{10}$$

입력이 문자열로 $1F_{16} = (b_1\ b_0)$ 이 입력된다고 가정하자. 문자열로 입력되면 문자길이 처리 명령 Len을 이용하여 몇 자리인가 분석하고 b_0, b_1 순서로 b_0 는 16^0을 곱해야 함으로 P=0 이 된다. b_1의 위치에서는 16^1을 곱해야 함으로 P=1이 된다.

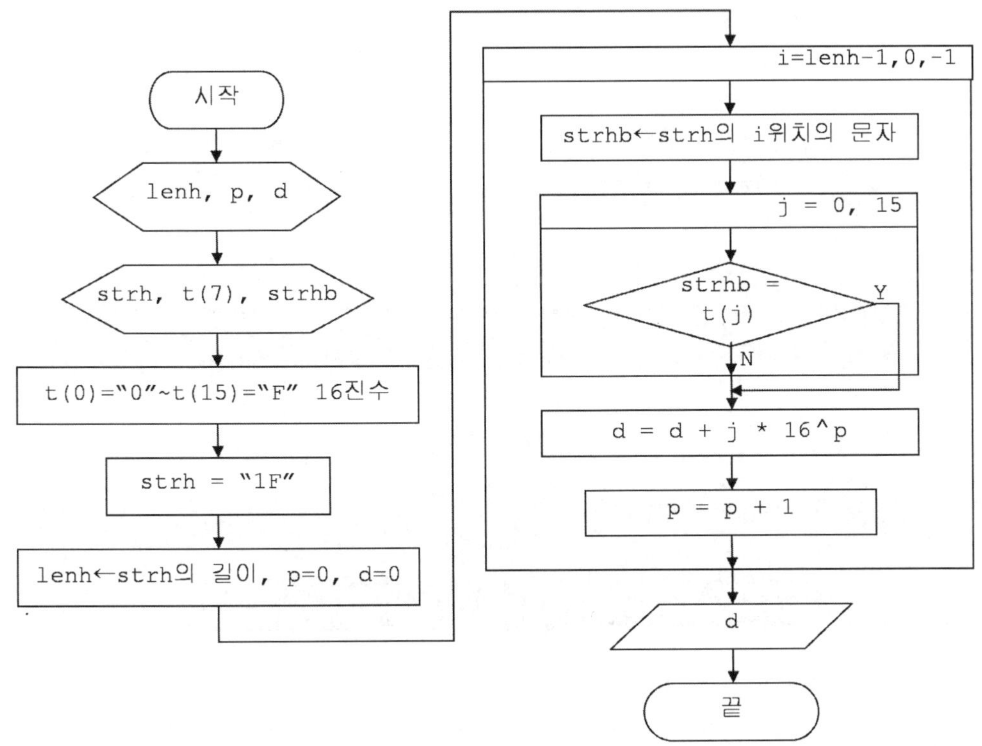

[순서도 9.7]

```c
/* p09-7.c */
#include <stdio.h>
#include <math.h>
#include <string.h>
void main()
{
    int i, j, p, d, lenh;
    char t[17] = "0123456789ABCDEF";
    char strh[3] = "1F";
    char strhb;

    lenh = strlen(strh); //printf(" %d \n", lenh);

    p = 0, d = 0;
    for(i = lenh-1; i >= 0; i--) {
        strhb = strh[i];
        //printf(" %c \n", strhb);

        for(j = 0; j < 16; j++) {
            if (strhb == t[j])
                break;
        }
        d = d + j * pow(16, p);
        p = p + 1;
    }
    printf(" %d \n", d);
}
```

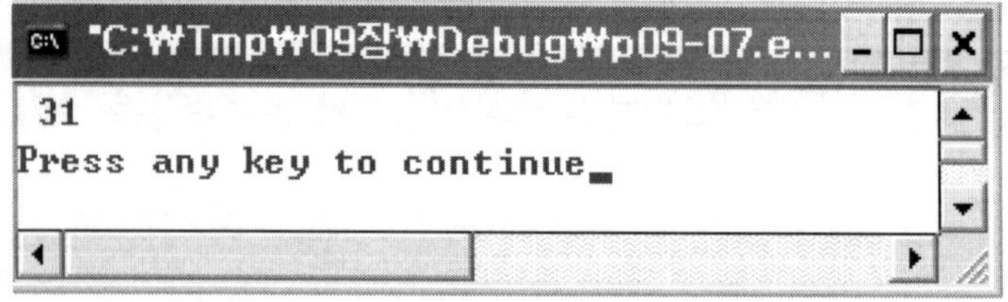

9-1 1~20까지 수 중에서 2의 배수로 되고 5의 배수가 되는 수를 구하기 위한 순서도를 완성하시오.

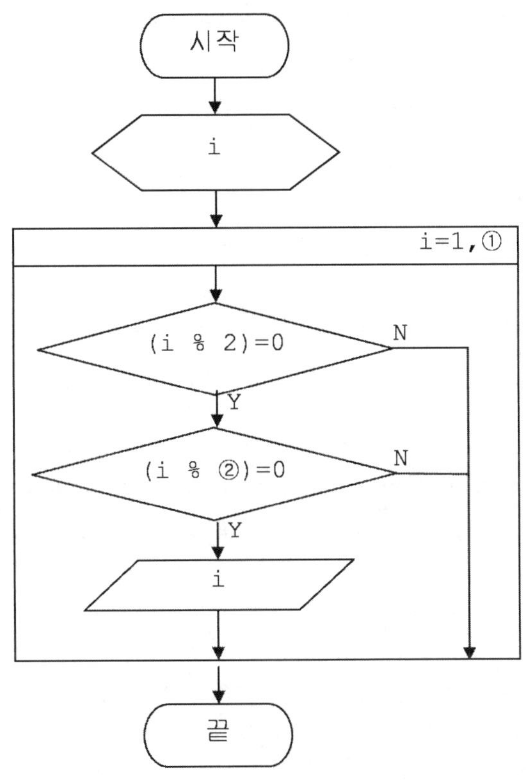

[순서도 9.8]

9-2 *

16과 24의 최대공약수를 구하기 위한 순서도를 완성하시오.

시작
x, y, t
x > y
Y
N
t ← x
① ← y
② ← t
x = ③
Y
N
x ← ④
x
x > y
Y
N
끝
t ← x
x ← y
y ← t

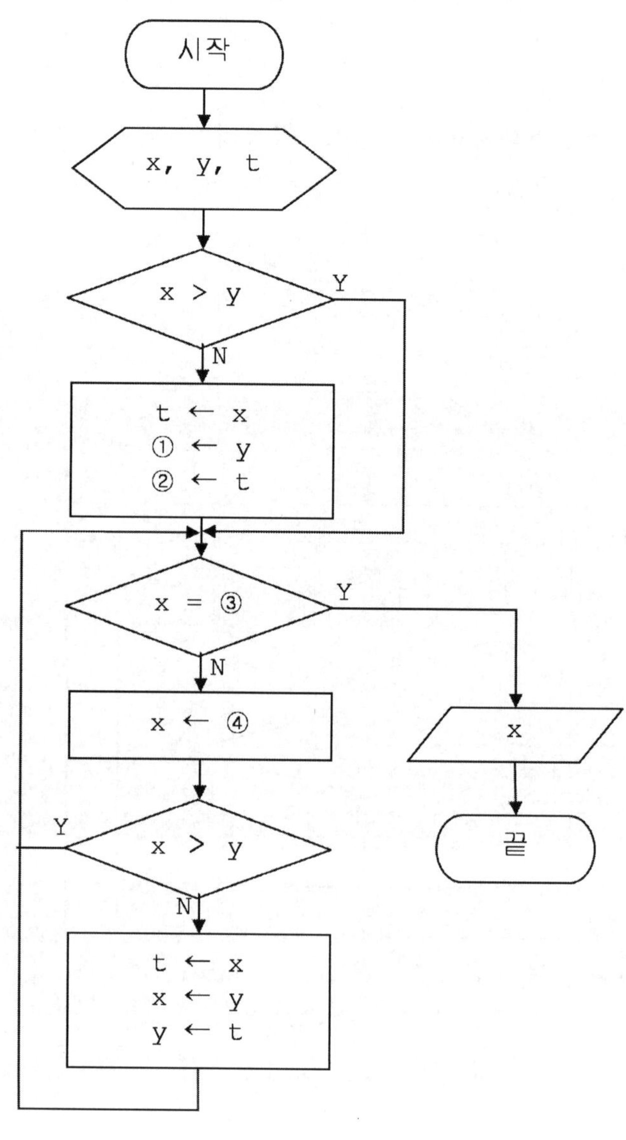

[순서도 9.9]

9-3 3~9 사이의 수 가운데 4.7과 가장 가까운 수를 구하기 위한 순서도를 완성하
시오.

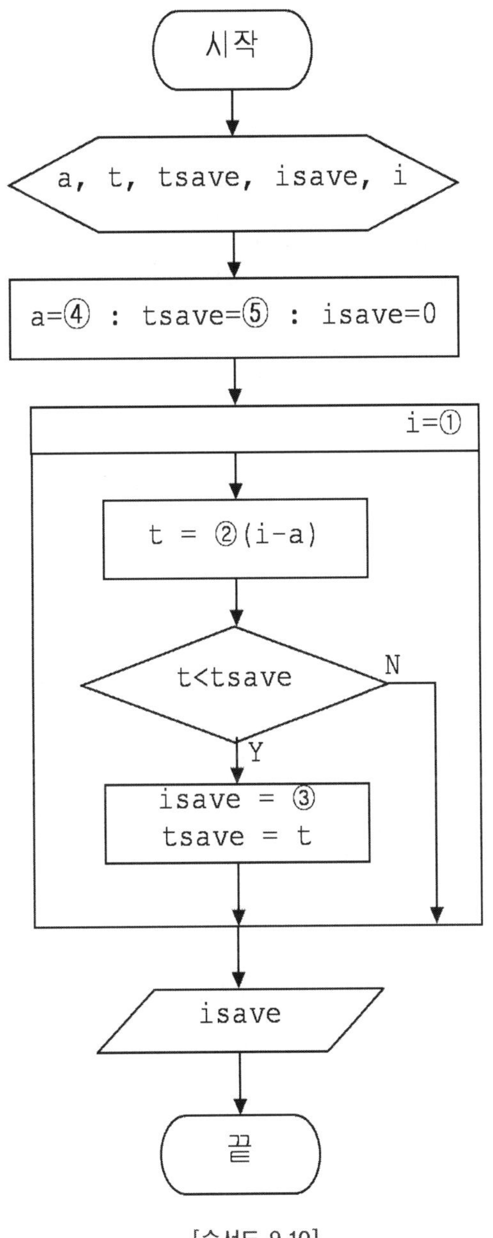

[순서도 9.10]

10진수 7을 2진수로 변환하기 위한 순서도를 완성하시오.

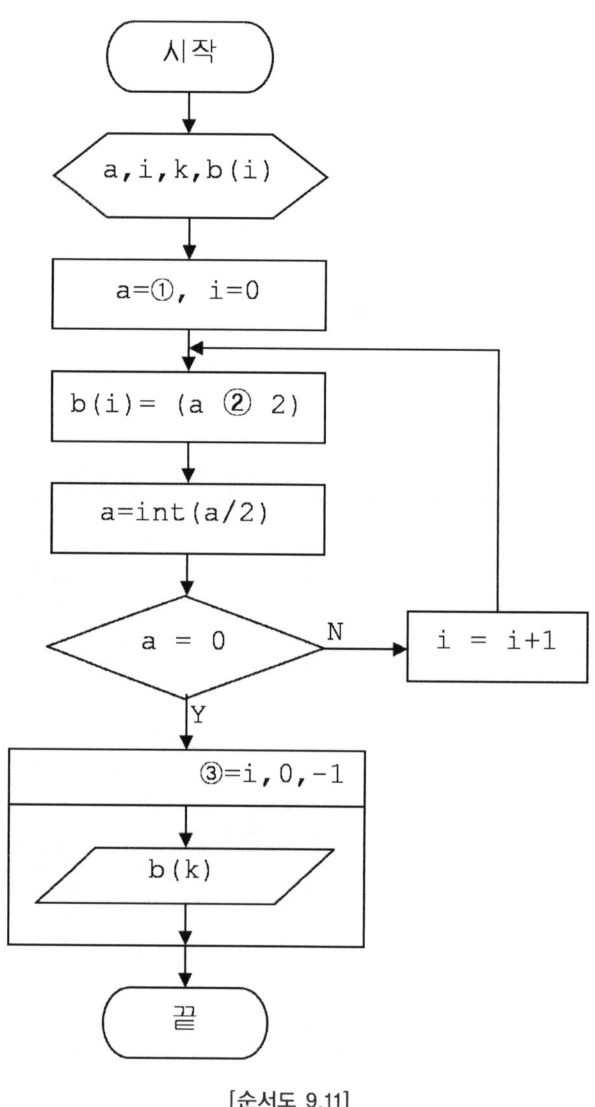

[순서도 9.11]

CHAPTER 10

정렬 알고리즘(1)

| CHAPTER 10 | 정렬 알고리즘(1)

학습목표

이 장에서는 정렬 알고리즘에 관해 기술한다. 정렬 알고리즘은 여러 가지가 있지만 이 중에서 이해하기 쉽고 프로그램하기 쉬운 선택, 버블, 삽입정렬에 대해 이해하고 숙달한다. 정렬 알고리즘은 프로그램은 작지만 알고리즘을 이해하는데 가장 적합한 문제이며 실제 응용 시에는 흥미 있는 기능을 갖게 된다.

이 장의 구성

10-1. 선택정렬(Selection Sort)
10-2. 버블정렬(Bubble Sort)
10-3. 삽입정렬(Insertion Sort)

CHAPTER 10

정렬 알고리즘(1)

10-1 선택정렬(Selection Sort)

배열에 (5, 3, 1, 4, 2)가 순서대로 보관 된 경우 오름차순으로 선택 정렬하여 보자.

첫 번째 5와 나머지 데이터를 비교하여 가장 작은 것을 첫 번째에 이동 한다. 첫 번째 5와 나머지 데이터를 비교 할 때 비교해서 작은 것을 첫 번째와 비교 대상을 교환하여 이를 반복하면 첫 번째 데이터가 가장 작은 데이터가 된다. 첫 번째 데이터는 가장 작은 데이터 이므로 나머지 4개의 데이터에서 앞의 과정을 반복 한다.

① 5, 3, 1, 4, 2 : 초기상태
② 3, 5, 1, 4, 2 : ①의 5, 3 비교 후 이동
③ 1, 5, 3, 4, 2 : ②의 3, 1의 비교 후 이동
④ 1, 5, 3, 4, 2 : ③의 1, 4의 비교
⑤ 1, 5, 3, 4, 2 : ④의 1, 2를 비교

위와 같이 초기 상태 5와 나머지 데이터 3, 1, 4, 2를 비교, 이동하면 첫 번째 데이터가 가장 작은 데이터가 된다.

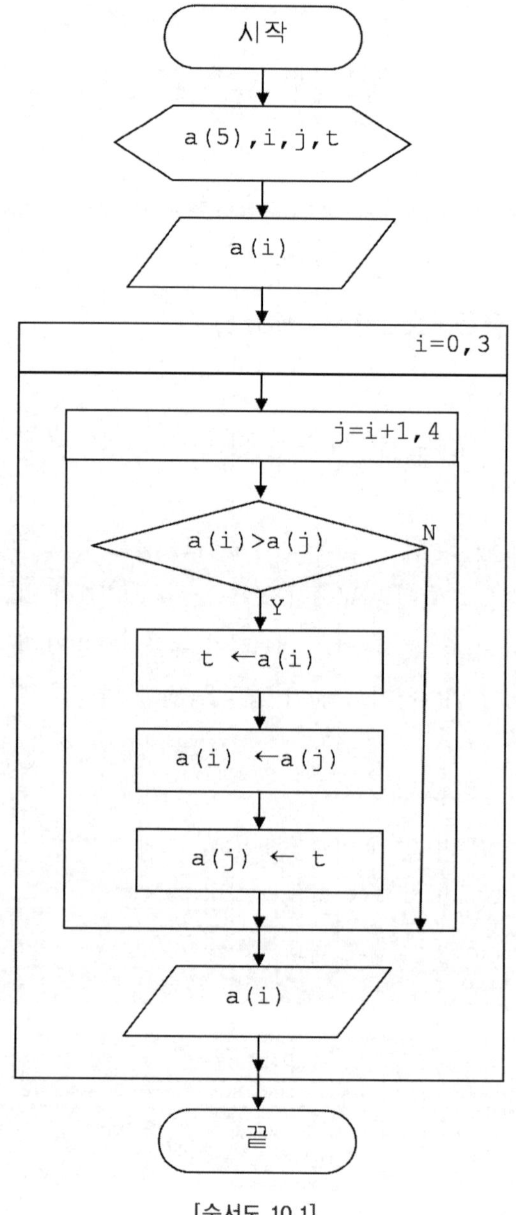

[순서도 10.1]

| 'p10-1 |

```c
/* p10-1.c */
#include <stdio.h>

void main()
{
    int i, j, t;
    int a[5] = {5, 3, 1, 4, 2};

    for(i = 0; i <= 3; i++)
    {

        for(j = i+1; j <= 4; j++)
        {
            if (a[i] > a[j]) {
                t = a[i];
                a[i] = a[j];
                a[j] = t;
            }
        }
        printf(" %d %d %d %d %d \n", a[0], a[1], a[2], a[3], a[4]);
    }

}
```

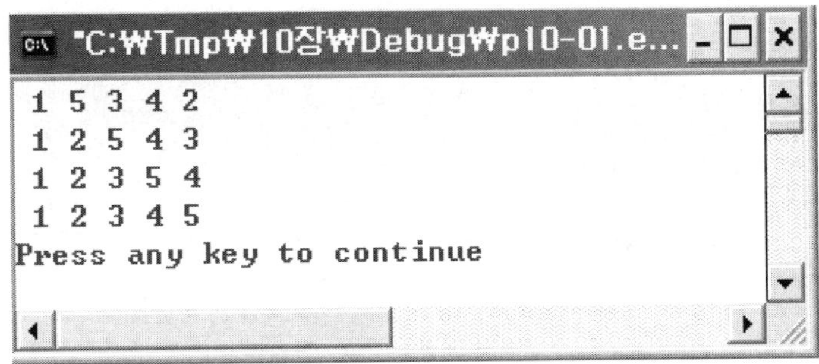

배열에 (5, 3, 1, 4, 2)가 순서대로 보관된 경우 오름차순으로 버블정렬 하여 보자.

버블정렬의 전략은 첫 번째 데이터에서 인접한 데이터를 비교하여 서로 교환해 주며 두 번째 데이터에서 인접한 데이터를 비교하여 서로 교환해 주며 나머지 데이터를 반복한다. 첫 번째 이동에서 가장 큰 데이터는 맨 마지막에 위치하게 된다. 다음은 마지막 데이터를 제외하고 앞의 과정을 반복한다.

① 5, 3, 1, 4, 2 : 초기상태
② 3, 5, 1, 4, 2 : ①의 5, 3의 비교 후 이동
③ 3, 1, 5, 4, 2 : ②의 5, 1의 비교 후 이동
④ 3, 1, 4, 5, 2 : ③의 5, 4를 비교 후 이동
⑤ 3, 1, 4, 2, 5 : ④의 5, 2를 비교 후 이동

위와 같이 초기상태 5가 인접한 데이터와 비교, 이동하면 마지막 데이터가 가장 큰 데이터가 된다.

'p10-2

```c
/* p10-2.c */
#include <stdio.h>
void main()
{   int i, j, t;
    int a[5] = {5, 3, 1, 4, 2};

    for(i = 0; i <= 3; i++){
        for(j = 0; j <= 4-i; j++) {
            if (a[j] > a[j+1]) {
                t = a[j];
                a[j] = a[j+1];
                a[j+1] = t;
            }
        }
        printf(" %d %d %d %d %d \n", a[0], a[1], a[2], a[3], a[4]);
    }
}
```

시작
a(5),i,j,t
a(i)
i=0,3
j=1,4-i
a(j)>a(j+1)
N
Y
t ←a(j)
a(j) ←a(j+1)
a(j+1) ← t
a(i)
끝

[순서도 10.2]

"C:\Tmp\10장\Debug\p10-02.e...
3 1 4 2 5
1 3 2 4 5
1 2 3 4 5
1 2 3 4 5
Press any key to continue

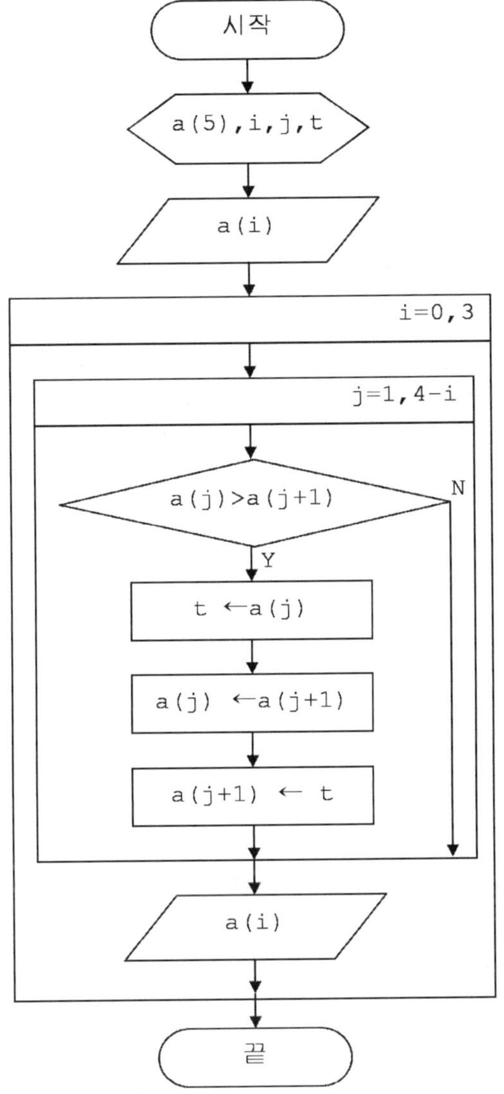

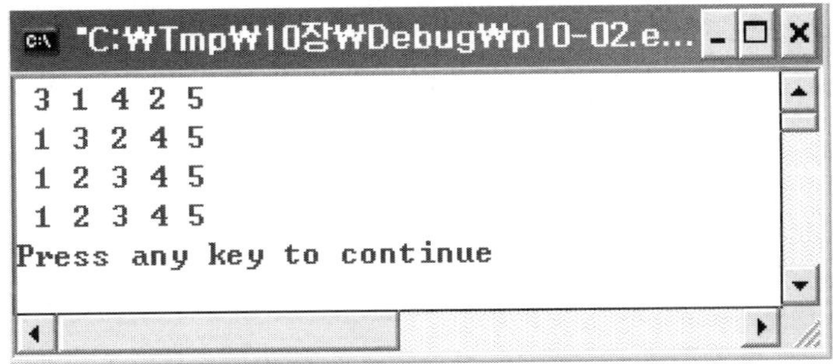

배열에 (5, 3, 1, 4, 2)가 순서대로 보관된 경우 오름차순으로 삽입정렬하여 보자.

삽입정렬은 이미 정렬되어 있는 파일에 새로운 한 개의 데이터를 위치를 찾아 삽입시키는 방법이며 삽입된 데이터를 포함해 정렬이 된 상태가 된다.

```
                key
                 ↓
    (1, 4, 5,   3, 2)  : 정렬 전
        A       B
    (1, 3, 4, 5,  2)   : 정렬 후
```

A의 데이터는 1, 4, 5 이고 정렬되어 있으며 여기에 B의 데이터 3을 A에 포함 시켜 정렬하는 경우 B의 3이 A에 포함되면 A는 1, 3, 4, 5가 되며 A는 정렬이 된 상태가 된다.

먼저 3을 Key에 보관하고 5와 key를 비교 하면 5>3 이므로 5는 3의 자리로 이동시킨다. 다시 Key를 4와 비교하면 4>3 이므로 4를 5의 자리로 이동시킨다. 다시 Key를 1과 비교하면 1<3 이므로 Key의 값은 4의 자리에 이동시킨다. 이 방법으로 B의 3이 이미 정렬되어 있는 파일 A에 삽입 되는 과정이며 A는 1, 4, 5 의 3개 데이터에서 3이 삽입되어 1, 3, 4, 5의 4개 데이터가 된다.

(5, 3, 1, 4, 2) 를 정렬 하여 보자

여기서 ① 초기 상태에서 ②로 변화 되는 과정에서 초기 상태 5를 1개 데이터가 있지만 정렬된 데이터라고 가정한다.

```
① 5, 3, 1, 4, 2 : 초기상태
② 3, 5, 1, 4, 2 : ①의 5, 3의 비교 후 이동
③ 1, 3, 5, 4, 2 : ②의 5, 1의 비교 후 이동 3, 1 을 비교 후 이동
④ 1, 3, 4, 5, 2 : ③의 5, 4를 비교 후 이동
⑤ 1, 2, 3, 4, 5 : ④의 5, 2를 비교 이동 후 4, 2를 비교 후 이동
                   3, 2를 비교 후 이동
```

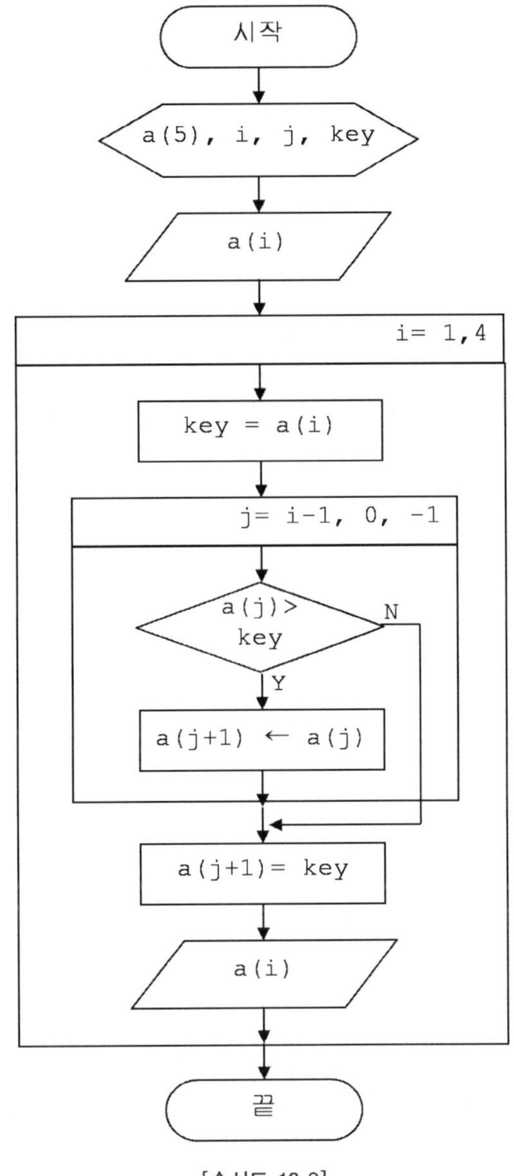

[순서도 10.3]

```c
/* p10-3.c */
#include <stdio.h>

void main()
{
    int i, j, key;
    int a[5] = {5, 3, 1, 4, 2};

    for(i = 1; i <= 4; i++)
    {
        key = a[i];

        for(j = i-1; j >= 0; j--)
        {
            if (a[j] > key )
                a[j+1] = a[j];
            else
                break;
        }
        a[j+1] = key;

        printf(" %d %d %d %d %d \n", a[0], a[1], a[2], a[3], a[4]);
    }
}
```

```
C:\Tmp\10장\Debug\p10-03 ....
3 5 1 4 2
1 3 5 4 2
1 3 4 5 2
1 2 3 4 5
Press any key to continue
```

연습문제 EXERCISES

10-1 데이터가 6개 (5, 3, 6, 1, 4, 2) 인 경우 오름차순 정렬을 하기 위한 순서도를 완성하시오.

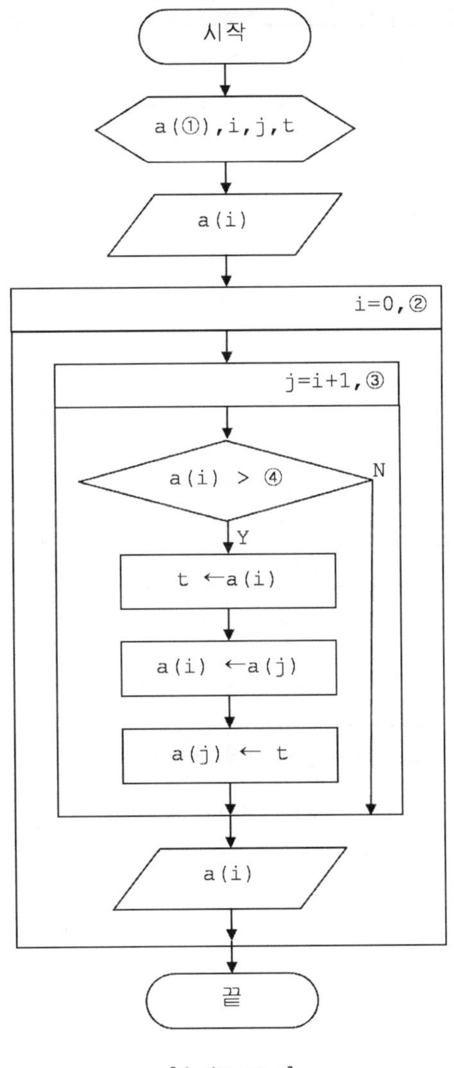

[순서도 10.4]

10-2 데이터가 7개 (5, 3, 6, 1, 7, 4, 2) 인 경우 내림차순 정렬을 하기 위한 순서도
를 완성하시오.

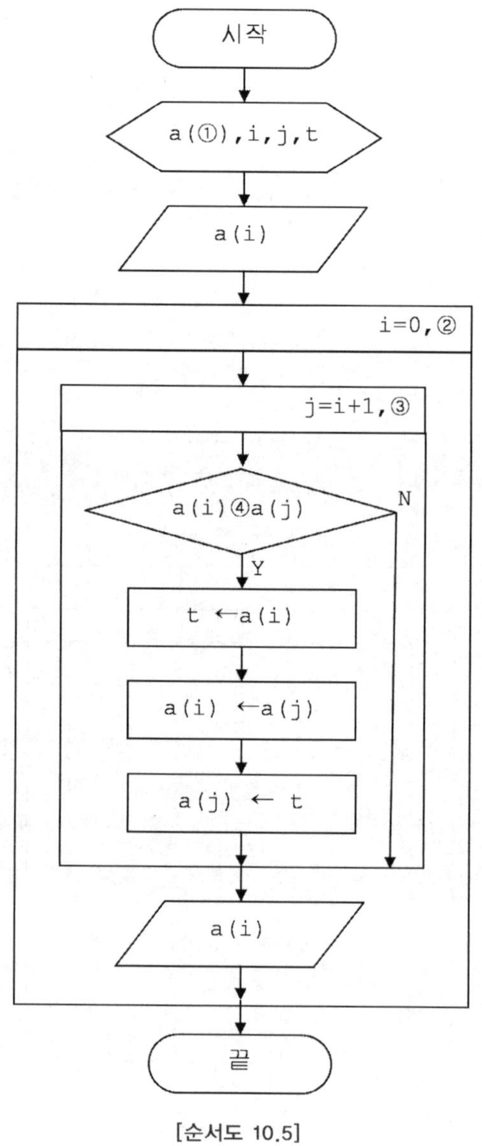

[순서도 10.5]

10-3 데이터가 8개 (5, 3, 6, 1, 7, 4, 8, 2) 인 경우 오름차순 정렬을 하기 위한 순서
도를 완성하시오.

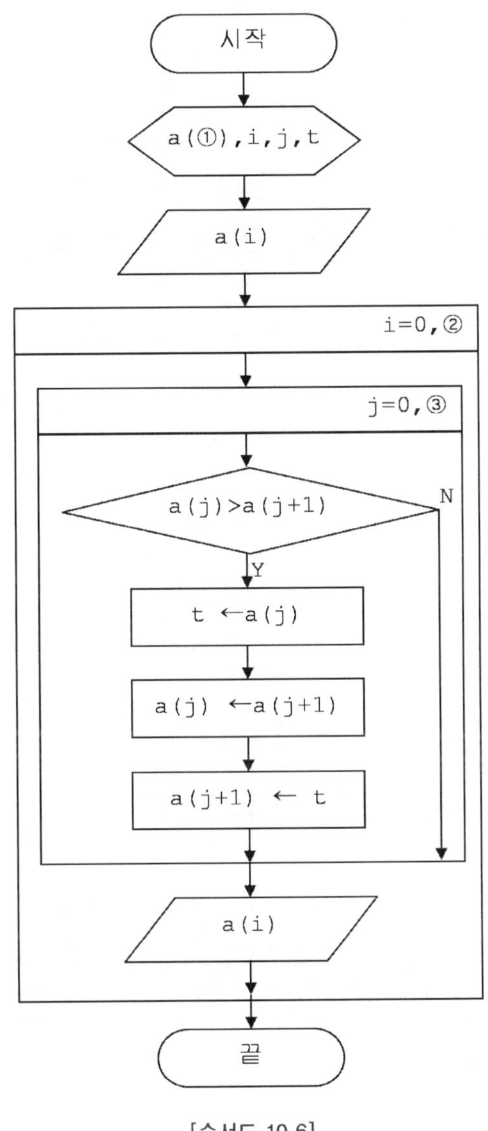

[순서도 10.6]

데이터가 9개 (5, 3, 9, 1, 6, 7, 4, 8, 2)인 경우 오름차순 정렬을 하기 위한 순서도를 완성하시오.

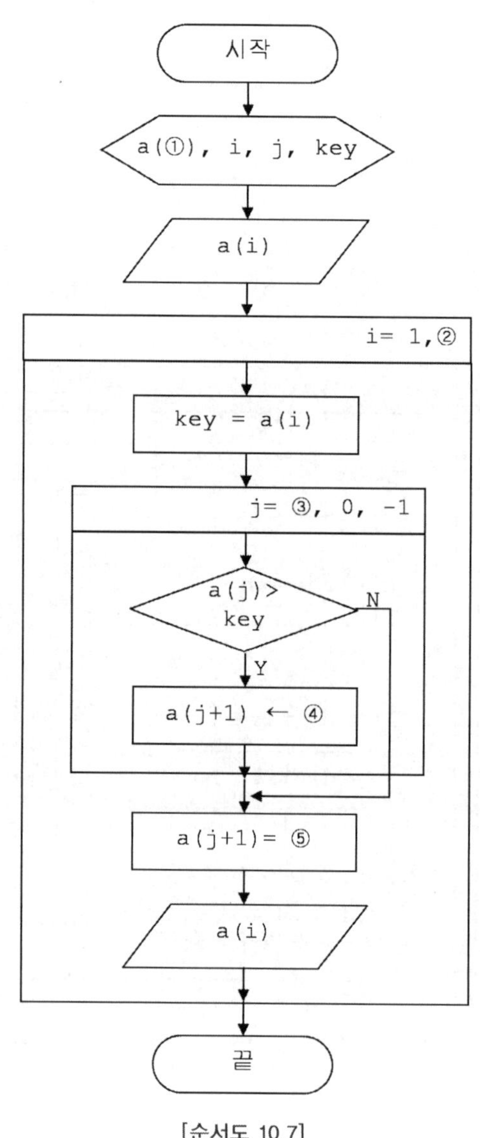

[순서도 10.7]

CHAPTER 11

정렬 알고리즘(2)

| CHAPTER 11 | 정렬 알고리즘(2)

이 장에서는 정렬 알고리즘 중에서 병합 정렬, 퀵 정렬에 대해 기술 한다.

병합정렬은 대 용량인 경우 소 용량으로 나누어 10장에서 기술한 정렬방법으로 정렬한 다음 사용하는 정렬방법이다. 데이터가 대 용량인 경우 1개 파일로 정렬하는 것 보다 2개 이상의 파일로 나누어 각각 정렬한 다음 병합 정렬하는 것이 속도가 우수한 편이다.

퀵 정렬은 정렬 알고리즘 중 가장 효율이 우수하다고 하지만 재귀 알고리즘이 적용됨으로 이해하기 어려운 점이 있다.

11-1. 병합정렬(Merge Sort)-(1)
11-2. 병합정렬(Merge Sort)-(2)
11-3. 퀵 정렬(Quick Sort)

CHAPTER 11

정렬 알고리즘(2)

11-1 병합정렬(Merge Sort) - (1)

배열 A에 (1, 3, 6, 8), 배열 B에 (2, 4, 5, 7, 9, 10)이 순차적으로 보관된 경우 배열 C에 오름차순으로 정렬하여 보자.

병합정렬은 이미 정렬되어 있는 2개의 파일을 1개 파일로 정렬하는 것이다.

```
A=(1, 3, 6, 8)  B=(2, 4, 5, 7, 9, 10)
C=(1, 2, 3, 4, 5, 6, 7, 8, 9, 10)
```

배열 A에는 4개 원소이고 배열 B는 6개 원소이므로 배열 C는 10개 원소가 되며 배열 A, B는 이미 정렬되어 있다.

배열 A, B에서 한 원소 씩 가져와 서로 비교하여 작은 것을 배열 C에 이동시키고 작은 원소가 있는 배열에서 다음 원소를 가져와 비교한 다음 전술한 과정을 반복한다.

시작
a(4),b(6),c(10),i,j,k
a(i), b(i)
i=0,j=0,k=0
i≦3 and j≦5
N
Y
a(i) < b(j)
N
Y
c(k) ← a(i)
c(k) ← b(j)
i ← i+1
j ← j+1
k ← k+1
k ← k+1
i > 3
N
Y
c(k) ← b(j)
c(k) ← a(i)
j ← j+1
i ← i+1
k ← k+1
k ← k+1
Y
j ≦5
Y
i ≦3
N
N
c(k)
끝

[순서도 11.1]

"C:₩Tmp₩11장₩Debug₩p11-1.exe"
1 2 3 4 5 6 7 8 9 10
Press any key to continue

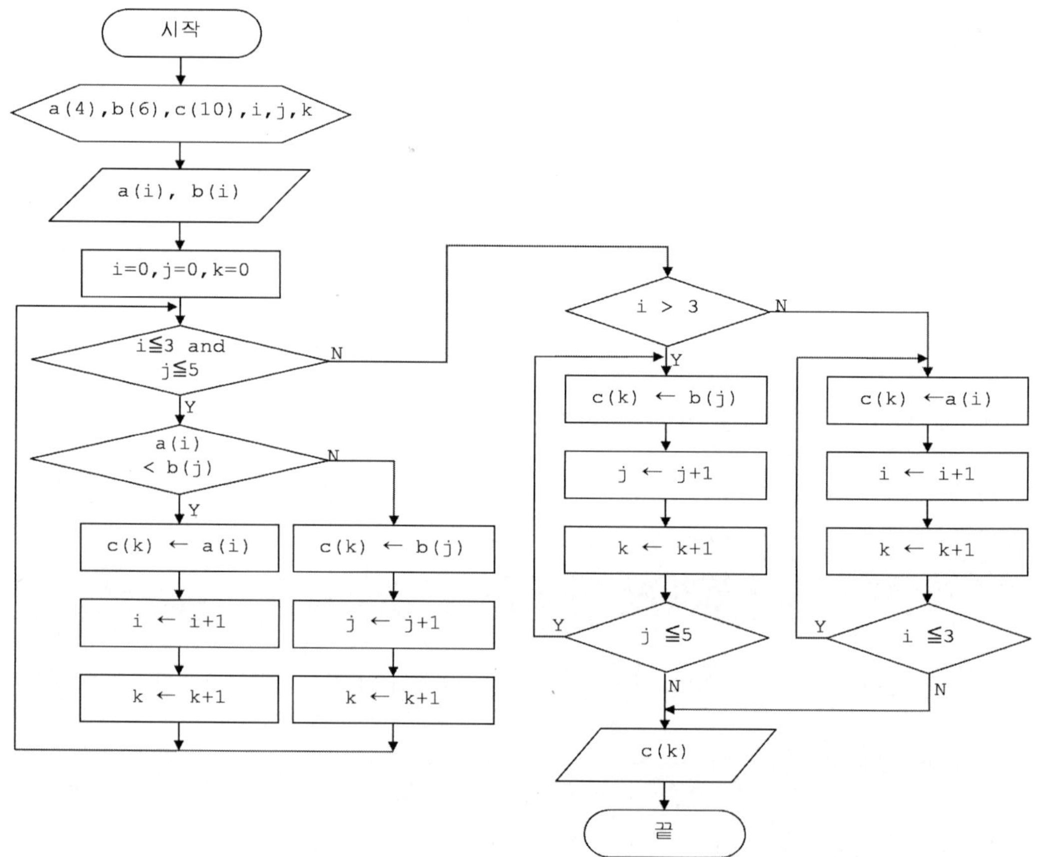

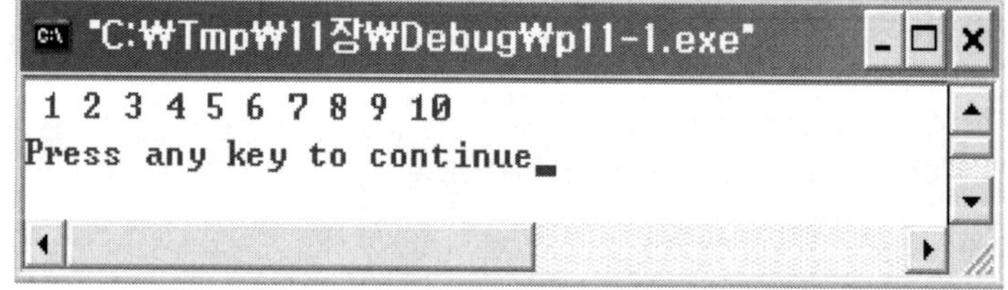

'p11-1

```c
/* p11-1.c */
#include <stdio.h>
void main()
{
    int i, j, k;
    int a[4] = {1, 3, 6, 8};
    int b[6] = {2, 4, 5, 7, 9, 10};
    int c[10];

    i=0, j=0, k=0;

    while((i <= 3) && (j <= 5))
    {

        if (a[i] < b[j])
            c[k] = a[i], i++, k++;
        else
            c[k] = b[j], j++, k++;
    }
    if (i > 3)
        do
            c[k] = b[j], j++, k++;
        while (j <= 5);
    else
        do
            c[k] = a[i], i++, k++;
        while (i <= 3);

    for(k = 0; k <= 9; k++)
        printf(" %d", c[k]);

    printf("\n");
}
```

배열 A에 (1, 3, 6, 8, 2, 4, 5, 7, 9, 10)의 10개의 데이터가 2개 부분으로 순차적으로 보관되어 있다. 앞부분의 4개, 뒷부분의 6개는 이미 정렬되어 있는 경우 오름차순으로 C배열에 정렬하여 보자.

배열 A의 앞부분 데이터의 인덱스가 1~4이고 뒷부분의 인덱스는 5~10이 되며 앞부분의 데이터, 뒷부분의 데이터가 정렬 된 상태이므로 2개의 그룹을 1개로 만드는 것이므로 병합정렬로 해결 할 수 있다.

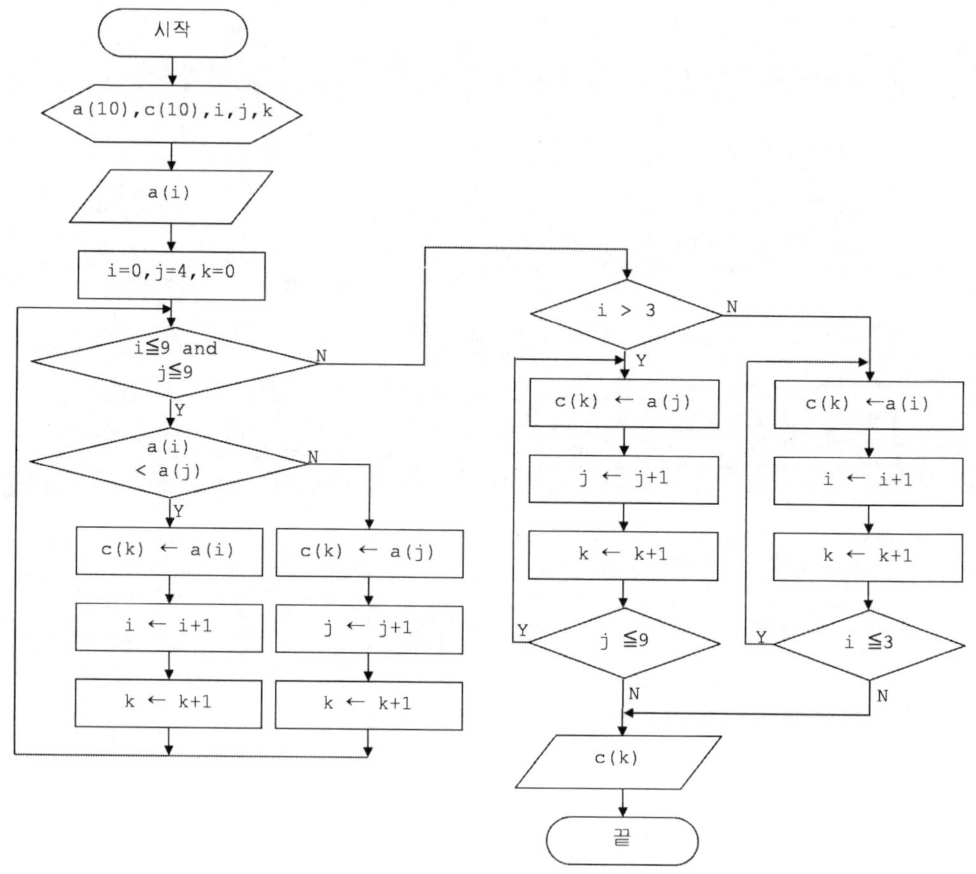

[순서도 11.2]

'p11-2

```c
/* p11-2.c */
#include <stdio.h>
void main()
{
    int i, j, k;
    int a[10] = {1, 3, 6, 8, 2, 4, 5, 7, 9, 10};
    int c[10];

    i=0, j=4, k=0;
    while( (i <= 3) && (j <= 9) ) {

        if (a[i] < a[j])
            c[k] = a[i], i++, k++;
        else
            c[k] = a[j], j++, k++;
    }
    if (i > 3)
        do
            c[k] = a[j], j++, k++;
        while (j <= 10);
    else
        do
            c[k] = a[i], i++, k++;
        while (i <= 3);

    for(k = 0; k <= 9; k++)
        printf(" %d", c[k]);

    printf("\n");
}
```

퀵 정렬(Quick Sort)

배열에 10개의 데이터 (6, 2, 8, 1, 9, 3, 10, 4, 7, 5)가 순차적으로 보관된 경우 오름차순으로 퀵 정렬 방법으로 정렬 하여 보자.

퀵 정렬을 하는 경우 다른 정렬 방법에 비해 데이터의 자료이동이 적으며 하나의 파일을 여러 개의 부 파일로 나누어 가면서 정렬을 진행하며 순환 알고리즘이 적용된다.

```
순서  m, n     1  2  3  4  5  6  7  8  9  10
①   (1, 10)  [6  2 ⑧  1 ⑨ ③ ⑩ ④  7 ⑤]
②   (1,  5)  [3  2  5  1  4] 6 [10 9  7   8]
③   (1,  2)  [1  2] 3 [5  4] 6 [10 9  7   8]
④   (4,  5)   1  2  3 [5  4] 6 [10 9  7   8]
⑤   (7, 10)   1  2  3  4  5  6 [10 9  7   8]
⑥   (7,  9)   1  2  3  4  5  6 [8  9  7] 10
              1  2  3  4  5  6  7  8  9  10
```

순서①은 초기의 데이터이며 순서②의 6을 중심으로 왼쪽은 6보다 작은 데이터이고 6의 오른 쪽은 6보다 큰 데이터로 구분이 되어 있으며 이 6을 제어키 또는 축값(pivot number)이라 한다.

순서①에서 m=1, n=10 이며 A(m)이 중심이 되어 오른쪽으로 큰 값, A(n)에서 왼쪽으로 작은 값을 찾고, 찾은 2개의 데이터가 왼쪽은 큰 값 오른쪽은 작은 값인 경우 서로 교환하고 이것을 반복한다. 만약 A(m)에서 오른쪽으로 큰 값과 A(n)에서 왼쪽으로 작은 값을 비교하여 왼쪽이 작은 값, 오른쪽이 큰 값이면 이 작은 값을 첫 번째 데이터 A(m)과 교환한다. 이 결과가 순서②가 됨을 알 수 있다.

```
순서 m, n     1  2  3  4  5  6   7   8  9  10
① (1, 10)   ❻  2 ⑧  1  9  3  10   4  7  ⑤   ; 8, 5 교환
             6  2  5  1 ⑨  3  10  ④  7   8   ; 9, 4 교환
             6  2  5  1  4 ③  ⑩   9  7   8   ; 6, 3 교환
② (1,  5)   3  2  5  1  4  ❻  10   9  7   8   ; 순서① 종료
```

알고리즘 설명에서 m=1, n=10으로 초기화하여 설명되어 있으므로 프로그램에서 1차원 배

열 a는 int a[11] = {0, 6, 2, 8, 1, 9, 3, 10, 4, 7, 5}; 11개의 데이터를 선언하여
a[0]는 정렬대상에서 제외 시켜 m=1일 때 a[1]=6, n=10일 때 a[10]=5로 정의 하여 순서도를
살펴보자. 실행결과도 a[1] ~ a[10] 까지 출력이 되어 있다.

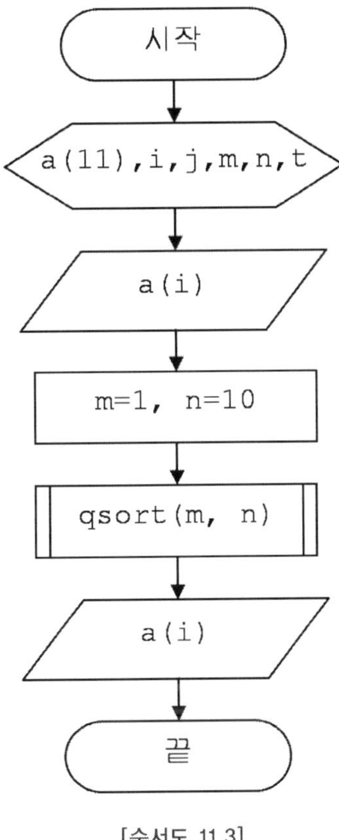

[순서도 11.3]

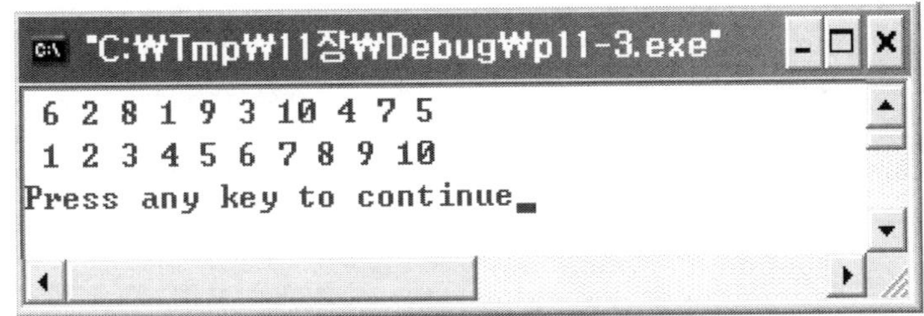

qsort(m, N)
m < N
N
끝
Y
i= m, j= N+1
i ← i+1
a(m)>a(i) and i<N
Y
N
j ← j-1
a(m)<a(j) and j>m
Y
N
i < j
Y
N
a(i) ↔ a(j)
a(m) ↔ a(j)
qsort(m,j-1)
qsort(j+1, N)
끝

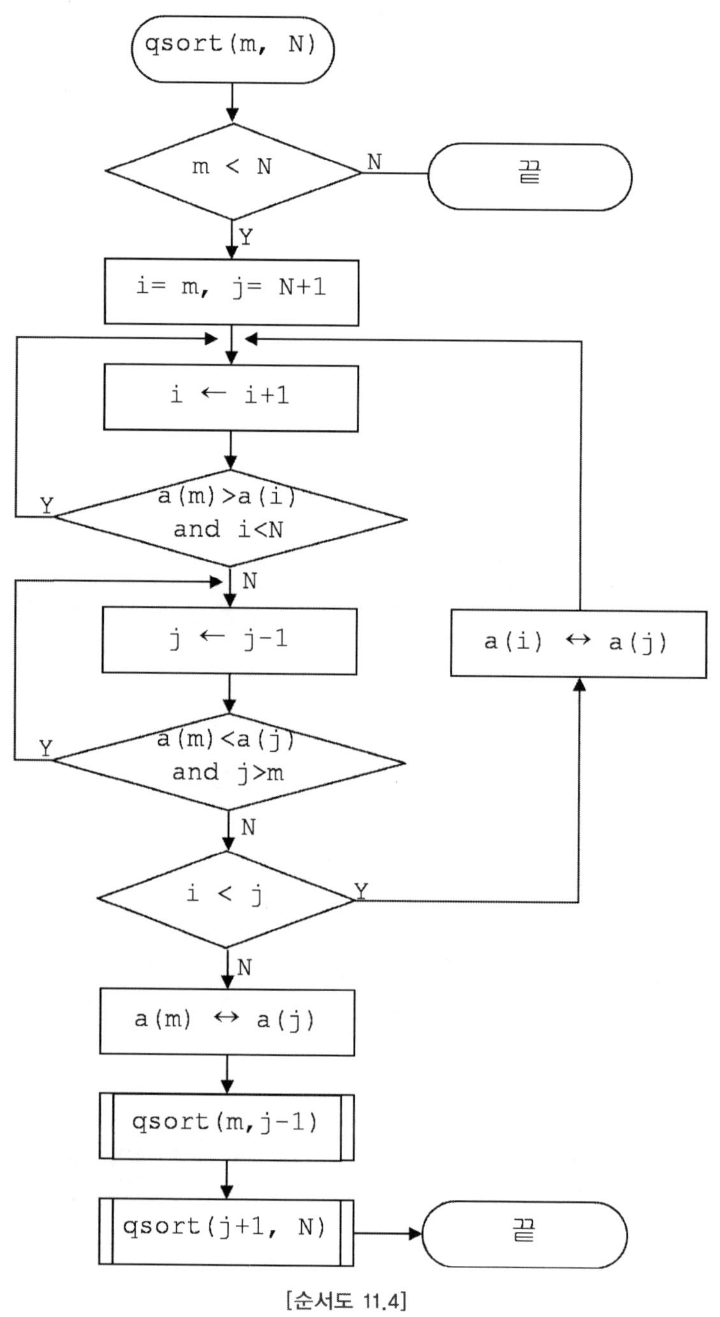

[순서도 11.4]

'p11-3

```c
/* p11-3.c */
#include <stdio.h>

void qsort(int a[11], int m, int n);

void main()
{   int i, m, n;
    int a[11] = {0, 6, 2, 8, 1, 9, 3, 10, 4, 7, 5};

    m=1, n=10;
    for(i=1; i<11; i++) printf(" %d", a[i]);
    printf("\n");

    qsort(a, m, n);
    for(i=1; i<11; i++) printf(" %d", a[i]);
    printf("\n");
}

void qsort(int a[11], int m, int n)
{   int i, j, t;

    if (m < n) {
    i = m, j = n + 1;
loop1:
    i = i + 1;
    if ( a[m] > a[i] && i < n) goto loop1;
loop2:
    j = j - 1;
    if (a[m] < a[j] && j > m) goto loop2;
    if (i < j) {
        t = a[i], a[i] = a[j], a[j] = t, goto loop1;
    }
    t = a[j], a[j] = a[m], a[m] = t;

    qsort(a, m, j - 1);
    qsort(a, j + 1, n);
    }
}
```

11-1[*] 배열 A에 4개 데이터 (1, 3, 6, 8)이고 배열 B에 6개 데이터 (2, 4, 5, 7, 9, 10)이 정렬되어 있다. 배열 A와 배열 B의 정렬된 데이터를 배열 C에 오름차순 정렬을 위한 순서도를 완성하시오

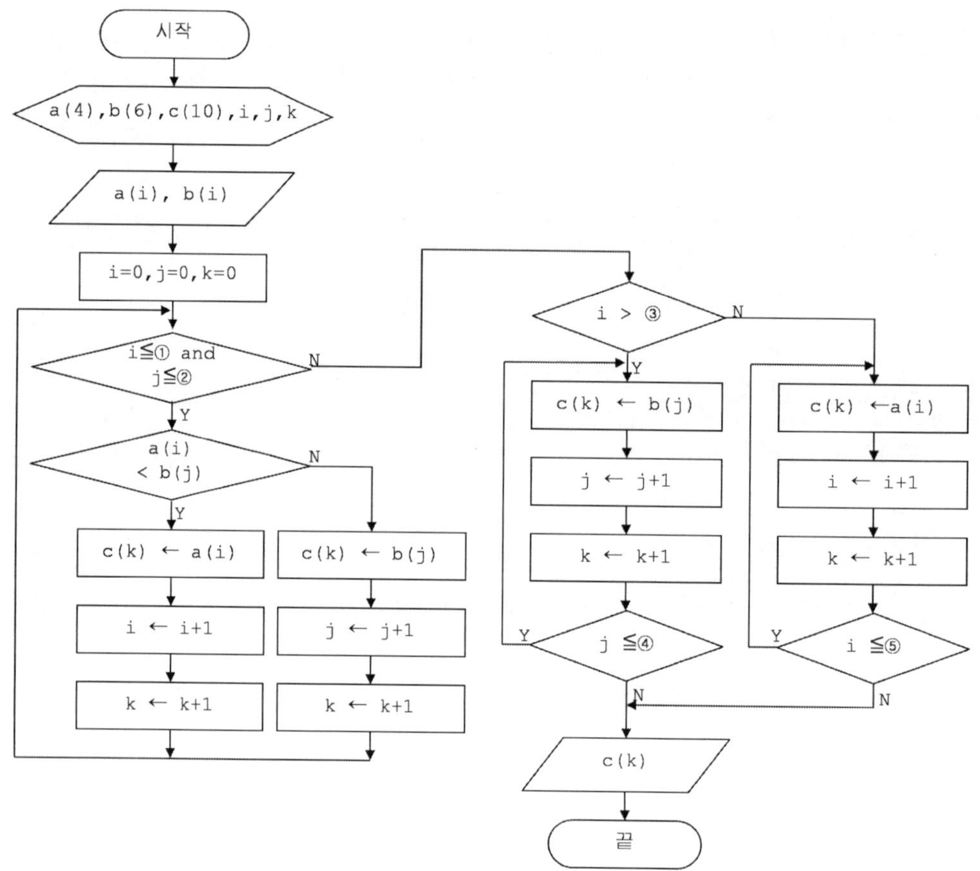

[순서도 11.5]

11-2 배열 A에 6개 데이터 (2, 4, 5, 7, 9, 10)이고 배열 B에 4개 데이터 (1, 3, 6, 8)이 정렬되어 있다. 배열 A와 배열 B의 정렬된 데이터를 배열 C에 오름차순 정렬을 위한 알고리즘을 완성하시오.

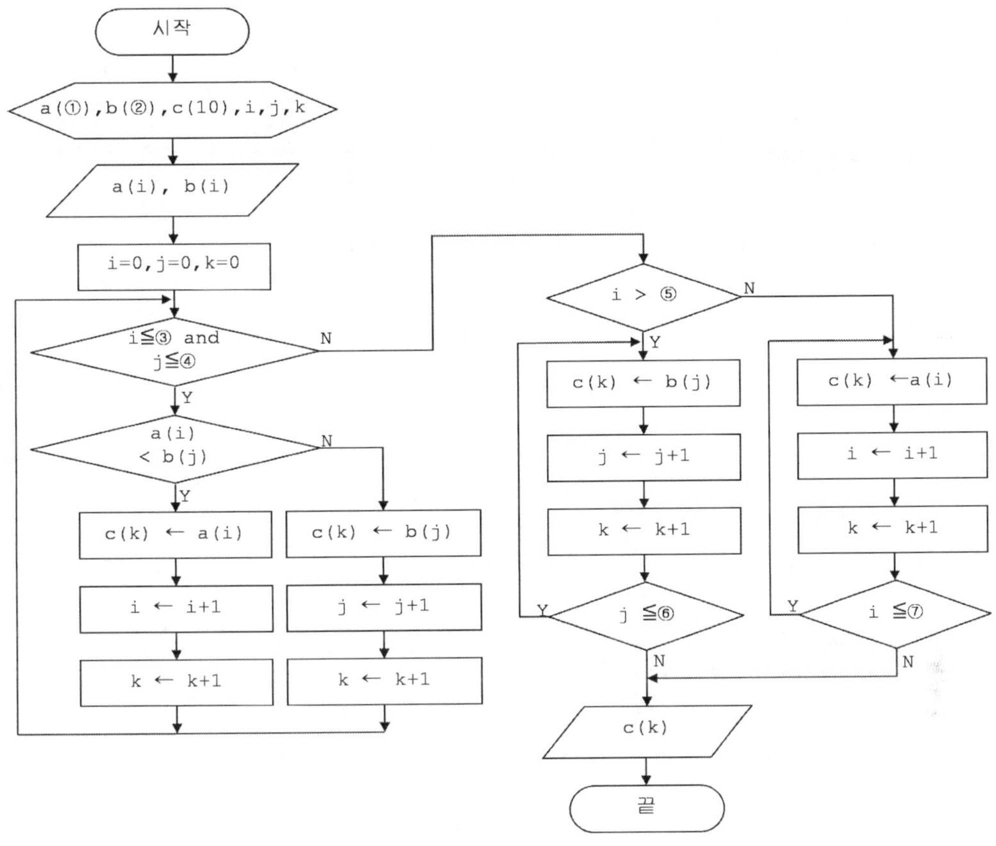

[순서도 11.6]

배열 A에 (1, 6, 7, 2, 3, 4, 5, 8, 9, 10)의 10개의 데이터가 앞부분 3개 뒷부분 7개는 이미 정렬되어 있는 경우 배열 C에 정렬하는 순서도를 완성하시오.

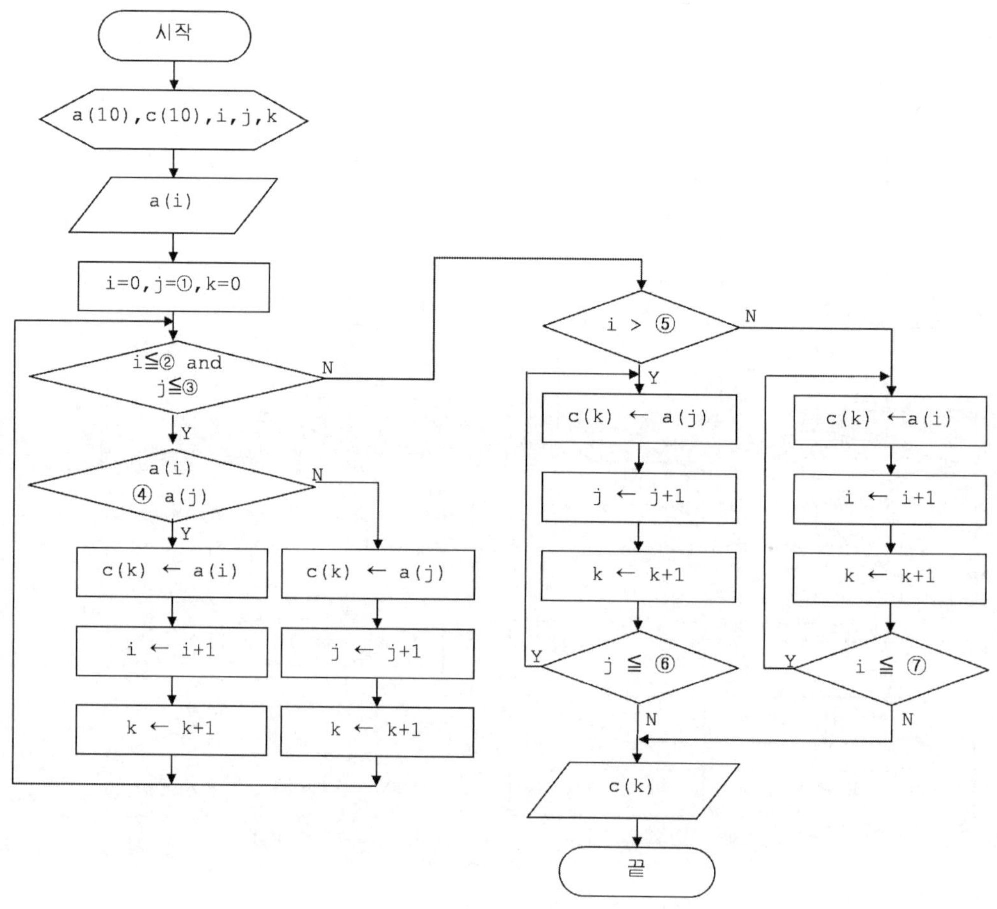

[순서도 11.7]

11-4

배열 A에 다음과 같은 데이터가 있는 경우 배열 C의 C(5)~C(14)에 정렬하는 순서도를 완성하시오.

데이터	1	7	10	2	3	4	5	6	8	9
A(i)	A(3)	A(4)	A(5)	A(6)	A(7)	A(8)	A(9)	A(10)	A(11)	A(12)

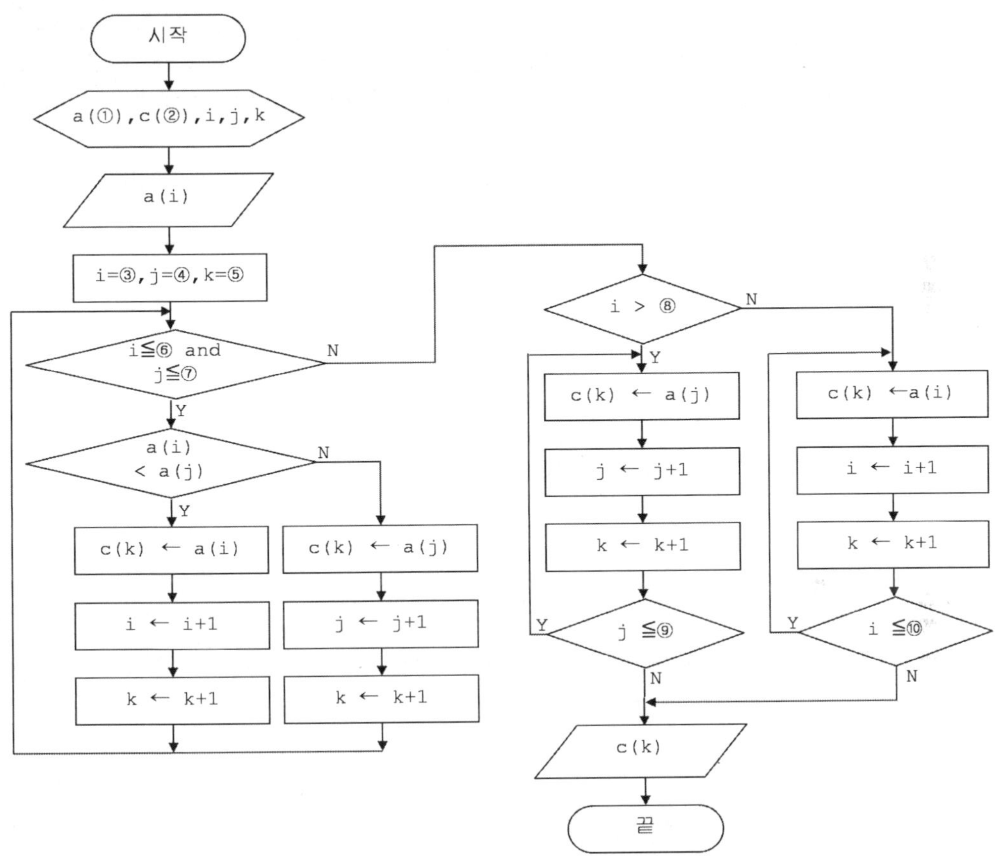

[순서도 11.8]

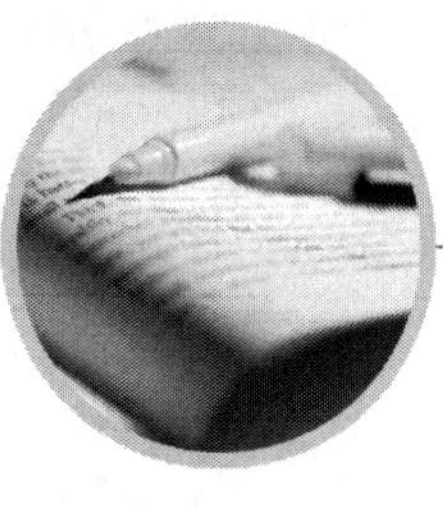

memo

CHAPTER 12

검색 알고리즘

| CHAPTER 12 | 검색 알고리즘

학습목표

이 장에서는 검색 알고리즘에 관해 기술한다.

검색 알고리즘이란 컴퓨터에 자료가 있는 경우 찾는 방법에 관한 내용이다. 검색 알고리즘은 자료가 정리 안 된 상태인 경우 순차검색으로, 자료가 정리된 상태인 경우 이진검색을 사용할 수 있다.

검색 알고리즘의 응용력을 향상시키기 위하여 소문자 대문자 상호변환, 숫자의 빈도 문제를 이해 숙달한다.

이 장의 구성

12-1. 순차검색
12-2. 이진검색(Binary Serch)
12-3. 소문자 대문자 상호변환
12-4. 숫자의 빈도

CHAPTER 12

검색 알고리즘

12-1. 순차검색(Sequential Search)

순차검색은 주어진 데이터가 정렬이 되지 않은 경우 사용하는 방법으로 첫 번째 자료부터 순차적으로 마지막 자료까지 검색 하는 방법이고 자료가 있는 경우 데이터가 있는 인덱스를 반환하고 자료가 존재하지 않는 경우도 고려하여야 한다.

배열 A에 (5, 3, 1, 4, 2)가 순차적으로 보관된 경우 1과 7을 검색하여 보자. 자료가 있는 경우 인덱스를 출력하고 자료가 존재하지 않는 경우 '99'를 출력하여 보자.

```
'p12-1

/* p12-1.c */
#include <stdio.h>
void main()
{   int i, s;
    int a[5] = { 5, 3, 1, 4, 2};
    s=1;

    for(i = 0; i <= 4; i++)
        if (a[i] == s)  break;
    if (i <= 4)
        printf(" %d", i);
    else
        printf(" %d", 99);
    printf("\n");
}
```

시작
a(i),i,s
a(i),s
i=0,4
a(i)=s
Y
N
i≤5
N
Y
i
"99"
끝

[순서도 12.1]

"C:\Tmp\12장\Debug\p12-01.exe"
2
Press any key to continue

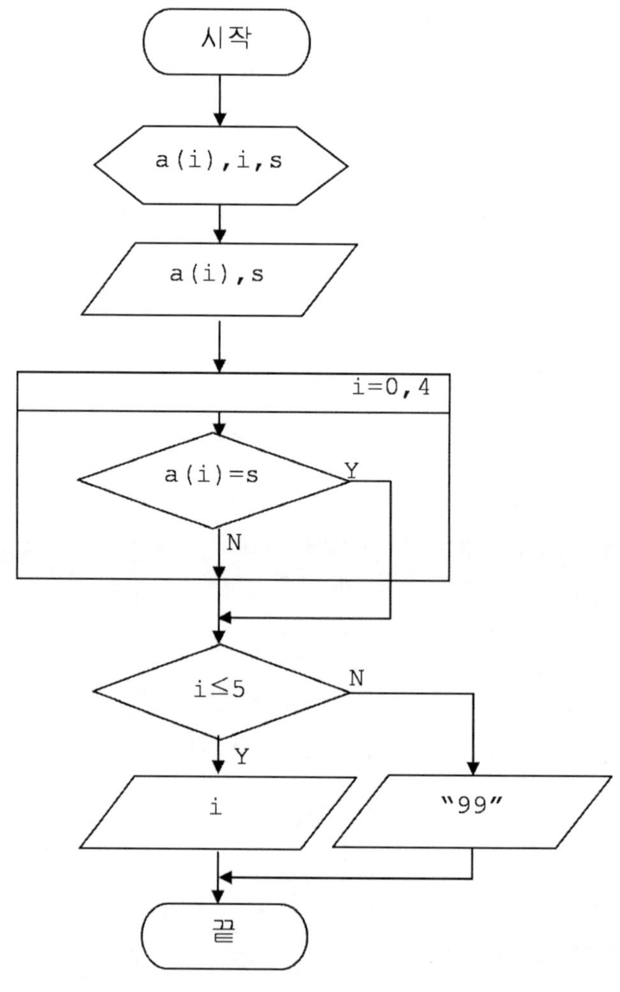

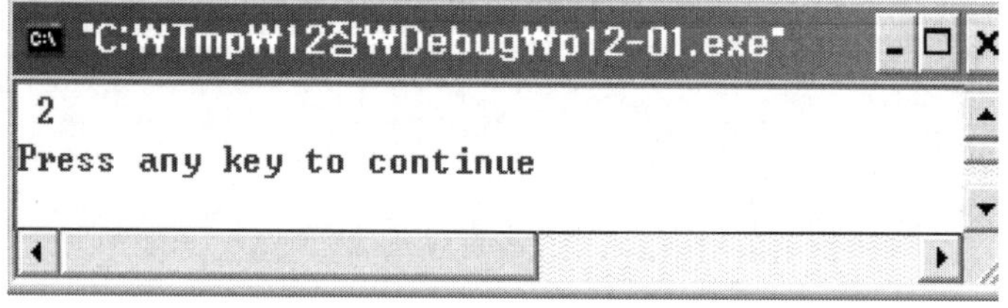

12-2 이분검색(Binary Search)

이분검색은 주어진 데이터가 오름차순으로 정렬이 되어 있는 경우 사용하는 방법이다.

배열에 10개 데이터 (1, 3, 5, 7, 9, 11, 13, 15, 17, 19)가 순차적으로 보관된 경우 7과 8을 검색하여 보자.

자료가 있는 경우 인덱스를 출력하고 자료가 존재하지 않는 경우 '99'를 출력하여 보자.

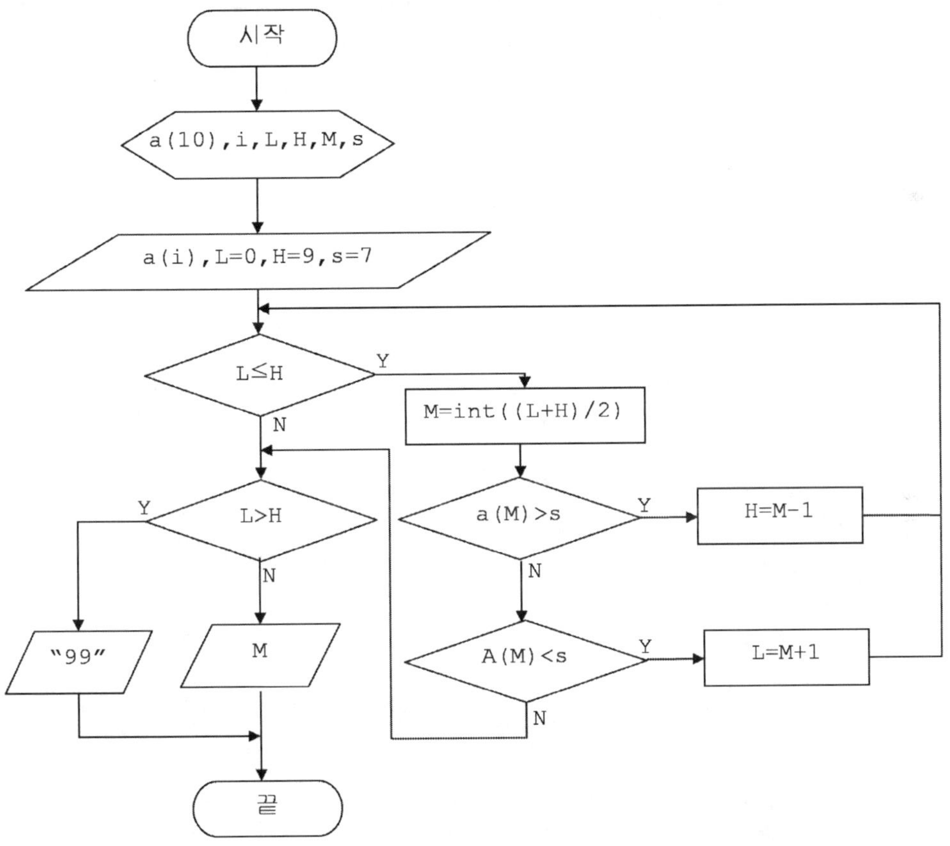

[순서도 12.2]

```c
/* p12-2.c */
#include <stdio.h>
void main()
{
    int L, h, m, s;
    int a[10] = { 1, 3, 5, 7, 9, 11, 13, 15, 17, 19};

    L=0, h=9, s=7;
    while (L <= h)
    {
        m=(int)( (L + h) / 2 );

        if (a[m] > s)
            h = m - 1;

        else if (a[m] < s)
                L = m + 1;
            else
                break;
    }
    if (L > h)
        printf(" %d", 99);
    else
        printf(" %d", m);

    printf("\n");
}
```

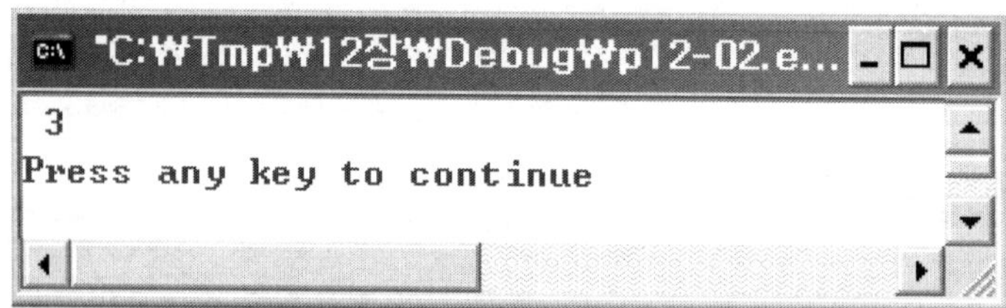

12-3 소문자 대문자 상호변환

문자로 입력되는 "AbC3d"를 "aBc3D"로 변경하여 보자. 영문자 소문자는 대문자, 대문자는 소문자, 숫자는 변경 없이 변환을 하자.

부록 1. 아스키 코드 표를 살펴보면 a~z, A~Z를 연속적으로 보관되어 있음을 알 수 있고 숫자 0~9도 연속으로 보관 되어 있음을 알 수 있다. 부록 1에서 a의 아스키코드의 값은 97이고 A의 아스키코드의 값은 65이다. 알파벳에서 대문자인 경우 해당 아스키코드의 값에 32를 더하면 소문자가 되고 소문자인 경우 32를 빼면 대문자가 된다.

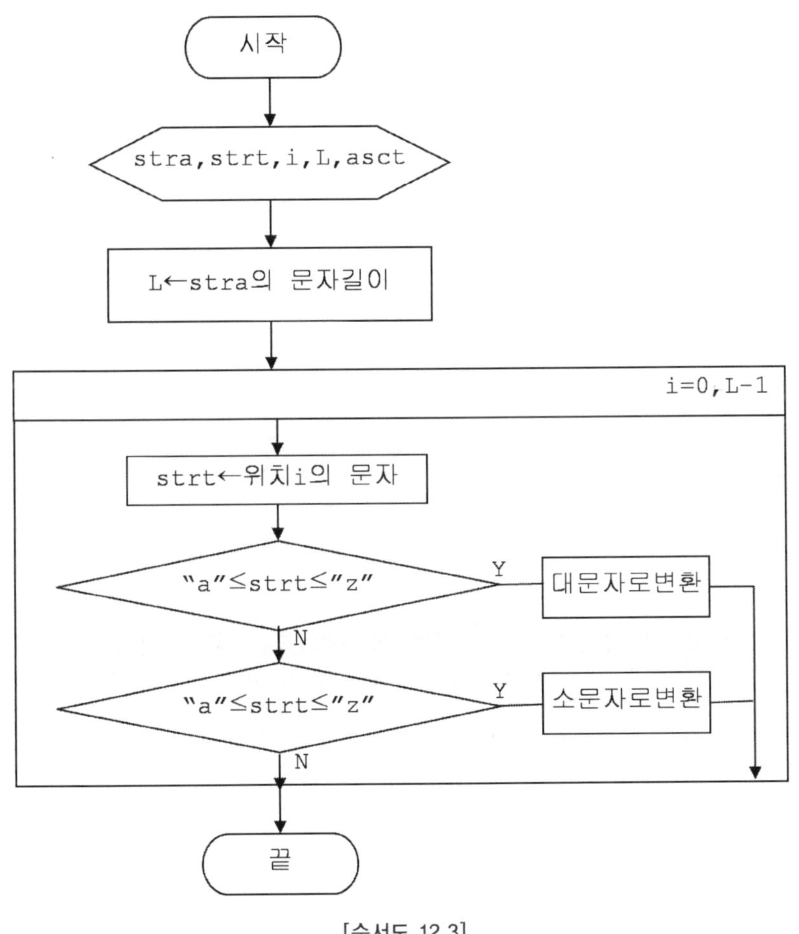

[순서도 12.3]

'p12-3

```c
/* p12-3.c */
#include <stdio.h>
#include <string.h>
void main()
{
    int i, L;
    char stra[6] = "AbC3d";
    char strt;

    L = strlen(stra);
    //printf(" %d \n", L);

    for(i = 0; i <= L-1; i++)
    {
        strt = stra[i];

        if ( ('a' <= strt) && (strt <= 'z') )
            stra[i] = strt - 32;

        if ( ('A' <= strt) && (strt <= 'Z') )
            stra[i] = strt+32;
    }
    printf(" %s", stra);
    printf("\n");
}
```

12-4 숫자의 빈도

1~11 까지 숫자에서 1의 갯수는 몇 개 인가를 조사하여 보자.

1이 있는 데이터는 1, 10, 11 이므로 1의 갯수는 4개가 된다.

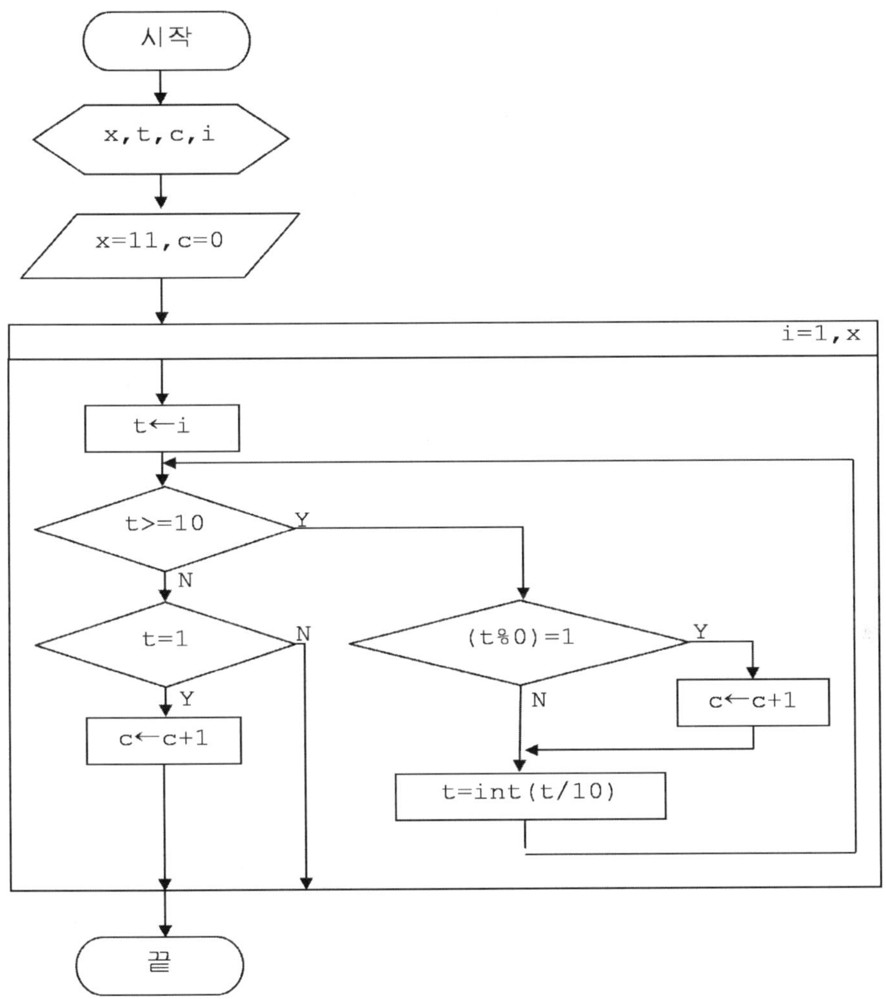

[순서도 12.4]

```c
/* p12-4.c */
#include <stdio.h>
void main()
{
    int i, x, t, c;

    x=11, c=0;

    for(i = 1; i <= x; i++)
    {
        t=i;

        while (t >= 10)
        {
            if ( (t % 10) == 1)
                c=c+1;

            t=(int)(t / 10);
        }

        if (t == 1)
            c = c + 1;
    }
    printf(" %d", c);
    printf("\n");
}
```

연습문제 EXERCISES

12-1 배열 A에 7개의 데이터 (7, 5, 3, 1, 6, 4, 2)가 순차적으로 보관된 경우 4와 9를 검색하는 경우 자료가 있는 경우 인덱스를 출력하고 없는 경우 "99"를 출력하는 순서도를 완성하시오.

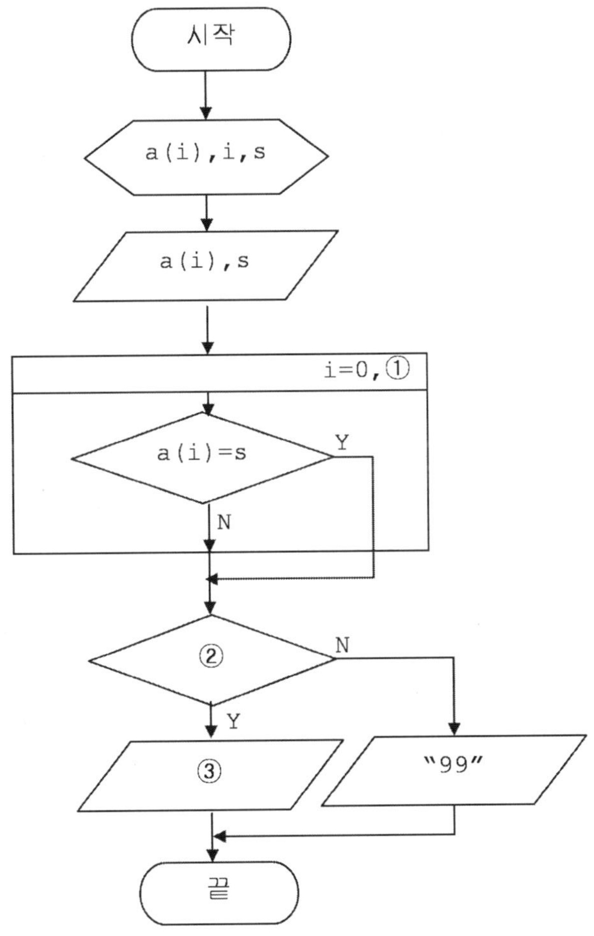

[순서도 12.5]

배열 A에 11개의 데이터 (1, 2, 4, 5, 7, 8, 9, 11, 12, 15, 17)이 순차적으로 보관된 경우 6과 7을 검색하는데, 자료가 있는 경우 인덱스를 출력하고 없는 경우 '99'를 출력하는 순서도를 완성하시오.

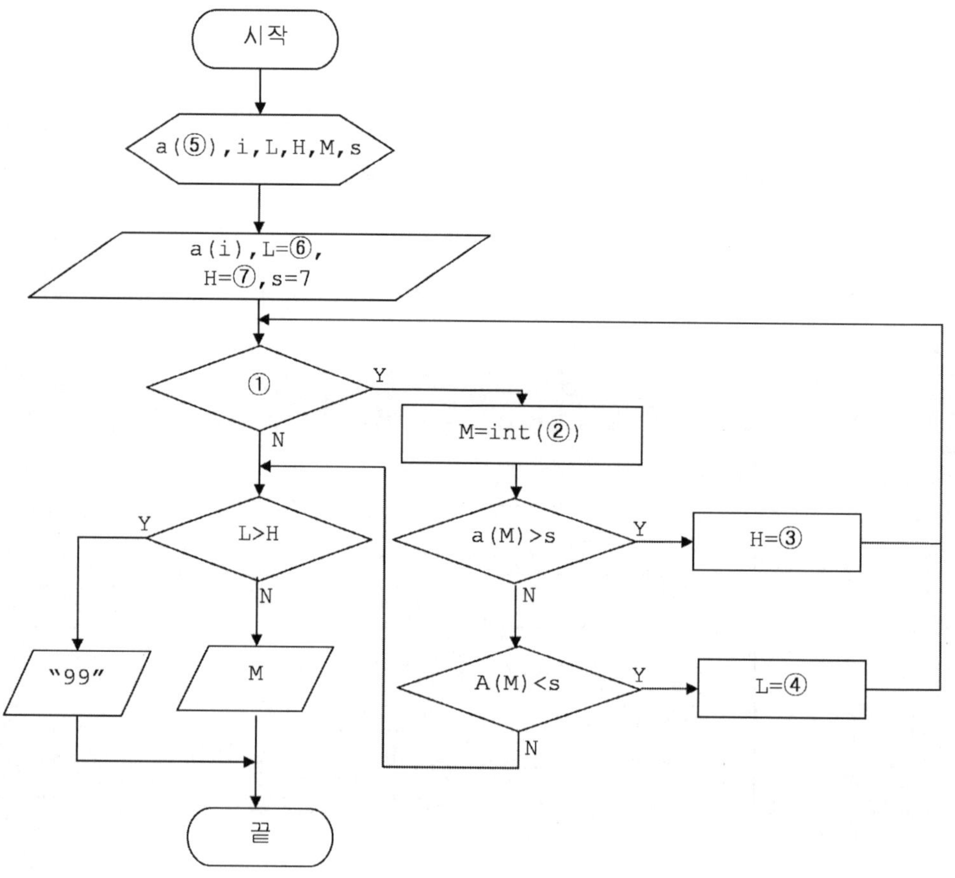

[순서도 12.6]

12-3 알파벳에서 소문자는 대문자로 대문자는 소문자로 변경하고 숫자는 변경이 없는 순서도를 완성하시오.

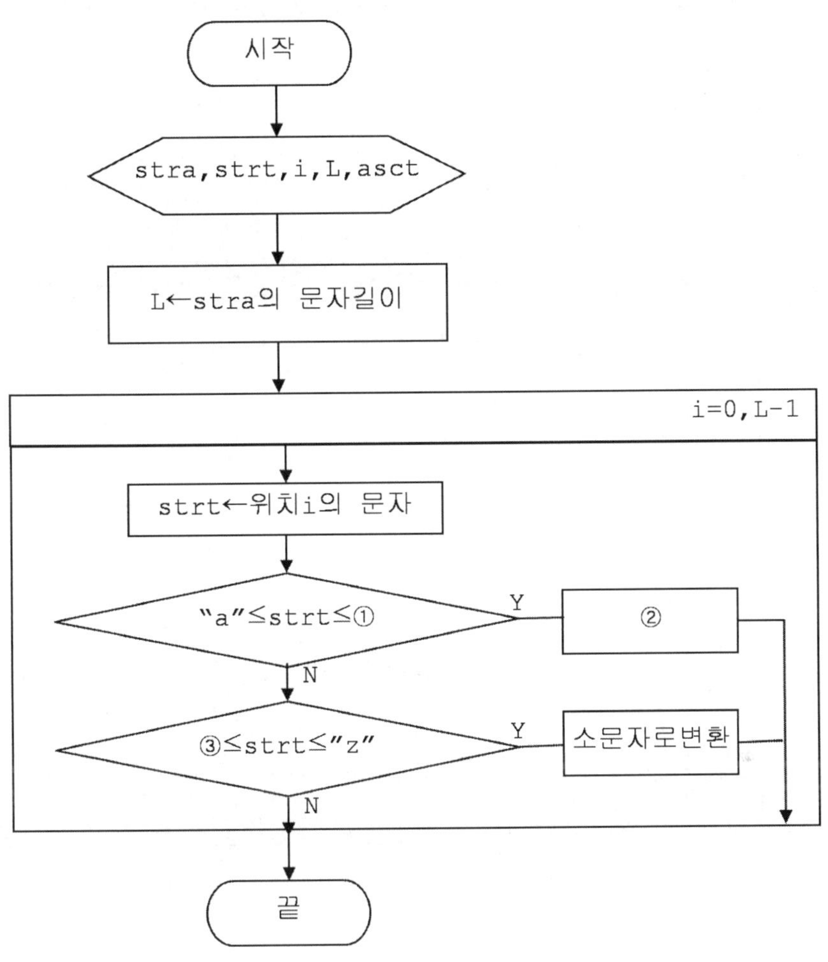

[순서도 12.7]

 1〜30까지 숫자에서 2개 개수가 몇 개인가를 조사하는 순서도를 완성하시오.

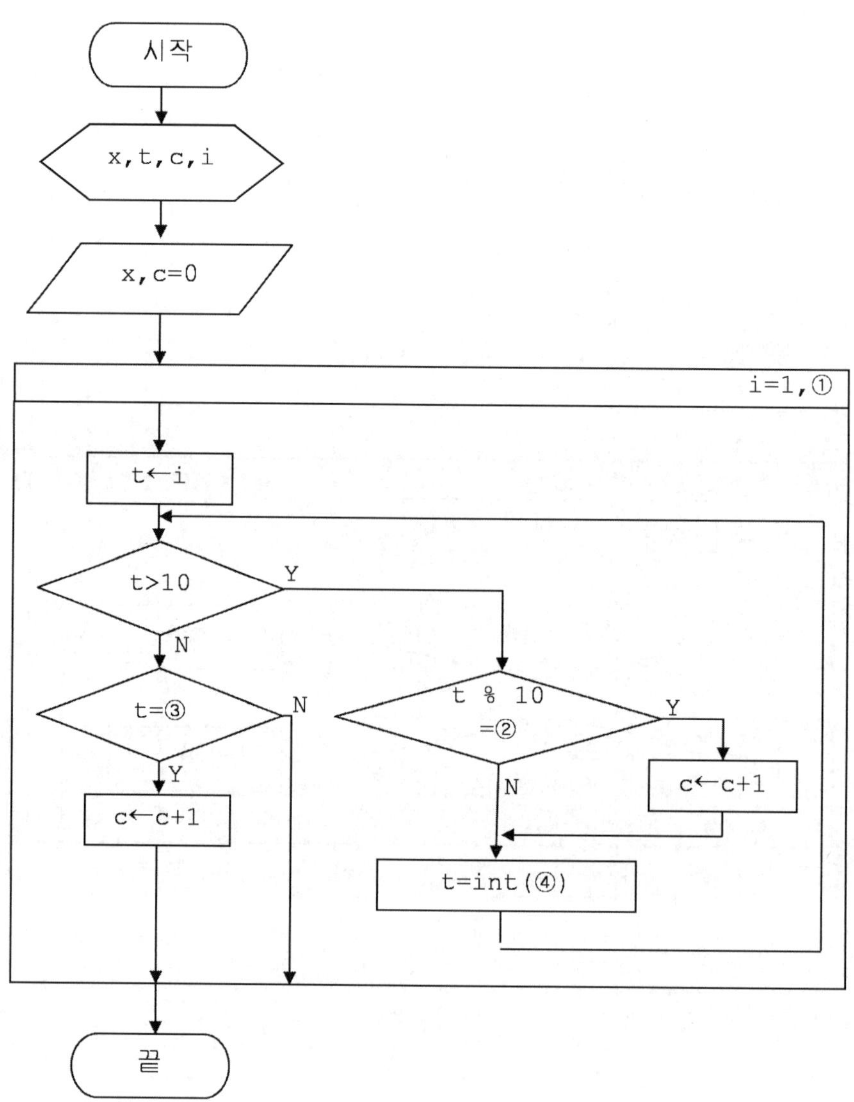

[순서도 12.8]

CHAPTER 13

함 수

| CHAPTER 13 | 함수

이 장에서는 함수에 관해 기술한다.

함수는 내장함수와 사용자 정의 함수로 구분 할 수 있다. 내장함수인 사인, 코사인 값을 구하는 수치연산 라이브러리 함수의 사용법을 이해, 숙달을 하며 프로그램 중 같은 기능이 있는 부분을 사용자 정의 함수로 작성하며 사용하는 방법을 학습한다.

또한 함수 중자기 자신의 함수를 호출하는 재귀 함수를 이해한다.

13-1. 수학 함수
13-2. 함수 작성
13-3. 재귀함수

CHAPTER 13

함 수

13-1 수학 함수

C 언어에서 독립적인 기능을 가지는 작은 프로그램을 일반적으로 함수라 한다. 크고 복잡한 프로그램은 기능별로 작은 단위로 나누어 작성한 다음 이 단위 프로그램을 하나의 큰 프로그램으로 통합하며 이 작은 단위의 프로그램이 함수가 된다. C 언어에서 기본적으로 제공하는 입출력 함수(printf도 하나의 함수이다), 문자처리 함수, 시간, 날짜 함수 및 수학 함수 등이 있다.

수학 함수 중 삼각함수에 관계된 사인, 코사인, 탄젠트등 표 13.1과 같은 함수들 외에도 많은 함수를 각종 프로그램 언어에서 제공한다.

수학 함수를 사용하기 위해서는 〈math.h〉 헤더가 필요로 하므로 프로그램 p13-1.c에 〈math.h〉가 있음을 살피자.

[표 13.1] 수학 함수

함수명	설명
sin(x)	라디안x의 사인 값 계산
cos(x)	라디안x의 코사인 값 계산
tan(x)	라디안x의 탄젠트 값 계산
atn(x)	라디안x의 actangent 값 계산
log(x)	상수 e를 밑으로 하는 x의 자연 로그 값 계산
exp(x)	상수 e의 거듭 제곱수 계산

사인함수에서 0^0, 30^0, 60^0, 90^0의 값을 구하여 보자.

[표 13.2] 사인함수의 값

x	0^0	30^0	60^0	90^0
sin(x)	0	$\dfrac{1}{2}$=0.5	$\dfrac{\sqrt{3}}{2}$=0.8660	1

프로그램에서 sin(x)의 x는 라디안 값이므로 각도를 라이 안으로 변경해야 한다. 360^0는 2π 이므로 각도 A에 해당 하는 라디안 x는 다음식과 같다.

$$360 : 2\pi = A : x$$
$$360 * x = 2\pi * A$$
$$x = \frac{\pi * A}{180}$$

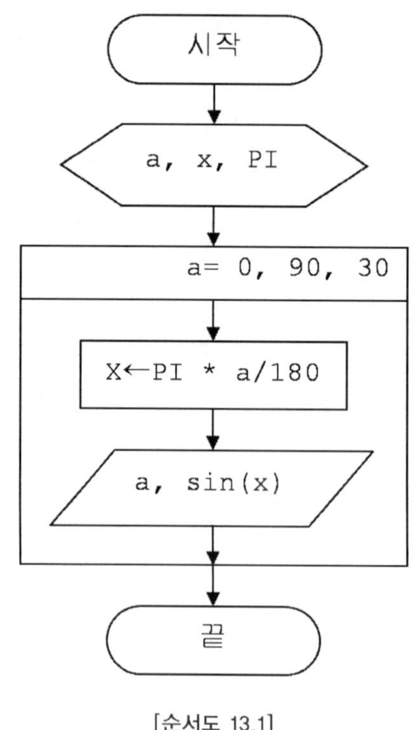

[순서도 13.1]

| 'p13-1 |

```c
/* p13-1.c */
#include <stdio.h>
#include <math.h>

#define PI 3.14159

void main()
{
    int a;
    float x;

    for(a = 0; a <= 90; a = a + 30)
    {
        x = PI * a / 180;
        printf(" %d  %f \n", a, sin(x));
    }
    printf("\n");
}
```

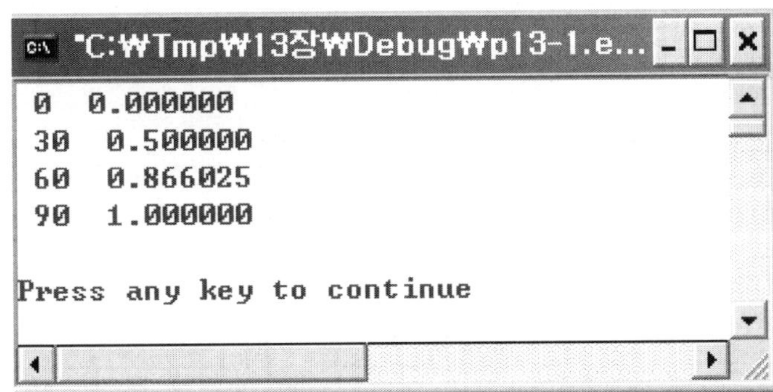

앞 절에서 sin(x) 함수를 이용하며 사인 값을 계산하였다. 프로그램을 작성하면 프로그램의 중간, 중간에 사인함수를 사용 할 수 있다. 실제 사인함수는 프로그램으로 구성 되어 있으며 프로그래머는 이 사인함수를 사용하기만 하면 된다.

이제 사용자가 정의하는 함수를 작성하여 보자.
함수의 정의는 다음과 같다.

```
자료형 함수명(가인수 리스트)
{
 함수의 내용
}
```

함수를 사용하는 경우 그 함수 이름으로 하나의 값을 반환 한다.

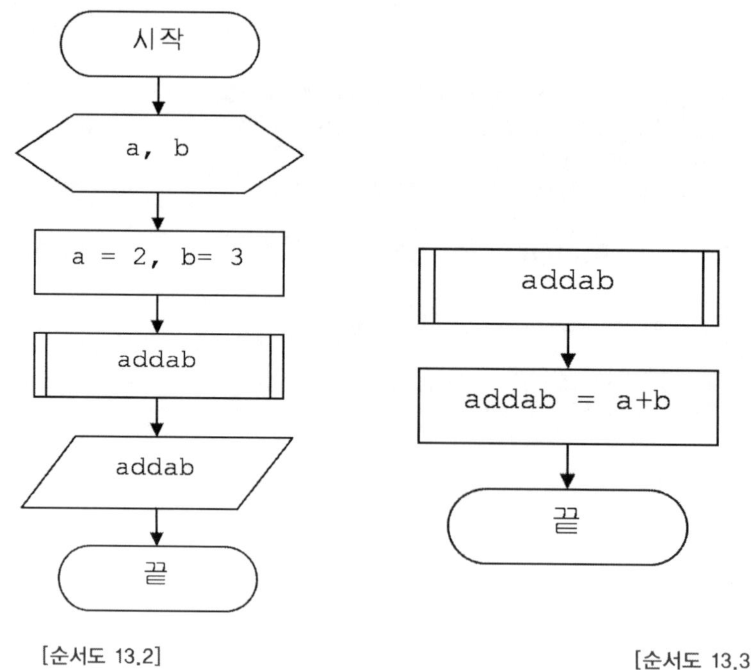

[순서도 13.2]   [순서도 13.3]

｜p13-2｜

```c
/* p13-2.c */
#include <stdio.h>

int addab(int a, int b)
{
    int c;
    c = a + b;
    return c;
}

void main()
{
    int a, b, c;

    a = 2;
    b = 3;
    c = addab(a, b);

    printf("%d \n", c);
}
```

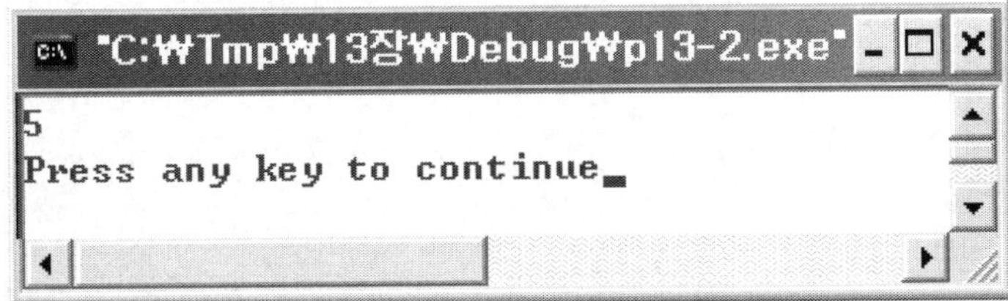

프로그램에서 재귀함수 (recursive function)는 자기 자신을 호출 하는 함수를 의미하며 재귀적으로 정의 되는 문제에서만 적용이 가능하고 이 교재의 11장 퀵 정렬에서 예를 볼 수 있다.

재귀함수의 개념을 4! 계산에서 이해하여 보자. 팩토리알(factorial)계산은 다음과 같다

```
1! = 1
2! = 2 * 1 =2
3! = 3 * 2 * 1 =6
4! = 4 * 3 * 2 * 1 = 24


4! = 4 * 3! = 4 * 3 * 2! = 4 * 3 * 2 * 1!
```

n! = n * (n-1)! 이므로 n! 을 계산하기 위해서는 n * (n-1)! 이 되므로 (n-1)!에서 팩토리알 계산이 필요하다. 즉 4! 계산하기 위해서 4 * 3! 이므로 3! 계산이 필요하고 3! = 3 * 2! 이므로 2! 계산이 필요하고 2! = 2 * 1! 이므로 1! 계산이 필요하다. 결국 4!을 계산하기 위해서 프로그램 예제에서 fact 함수를 호출 하는 경우 호출하는 함수 내에서 자기 자신 fact함수를 호출 해야만 하므로 이를 재귀함수로 표현 할 수 있다.

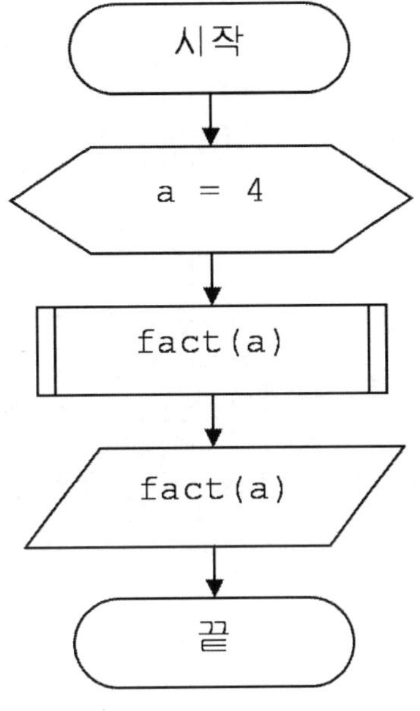

[순서도 13.4]

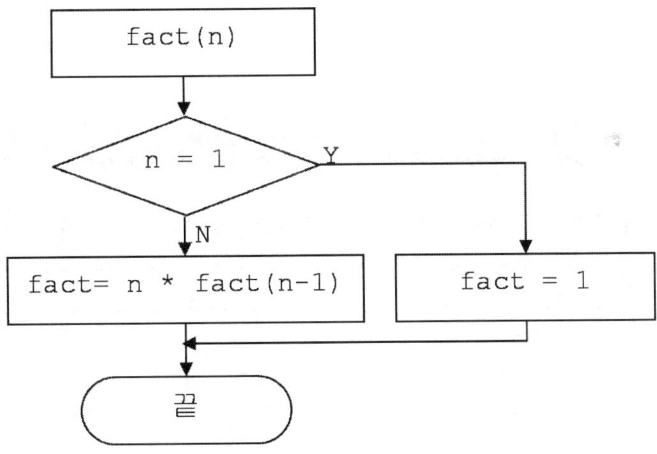

[순서도 13.5]

'p13-3

```c
/* p13-3.c */
#include <stdio.h>

long fact(long n)
{
    if( n == 1)
        return 1;
    else
        return (n * fact(n-1) );
}

void main()
{
    long x = 4;

    printf("%ld", fact(x));

    printf("\n");
}
```

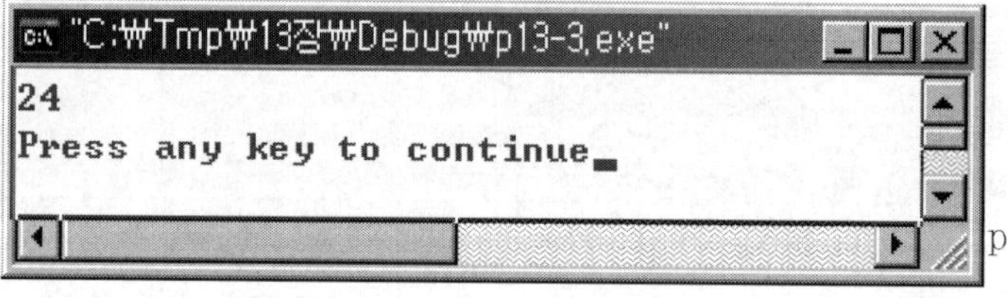

연습문제 EXERCISES

13-1 cos(x)에서 각도x의 값이 0^0에서 90^0까지 30^0씩 증가하는 경우 cos(x)의 값을 구하는 순서도를 완성하시오.

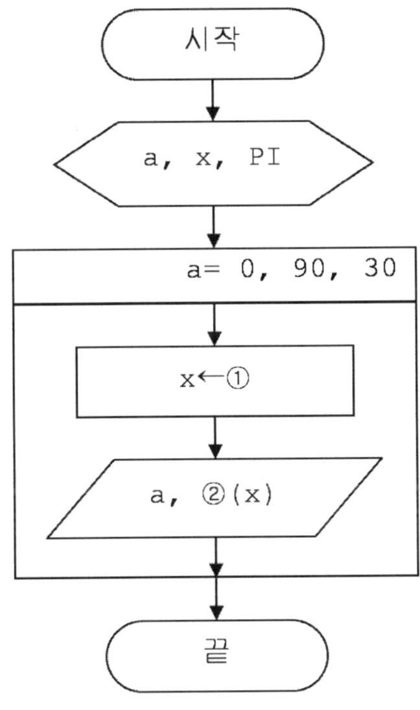

[순서도 13.6]

tan(x)에서 각도 x의 값이 0^0에서 90^0까지 15^0씩 증가하는 경우 tan(x)의 값을 구하는 순서도를 완성하시오.

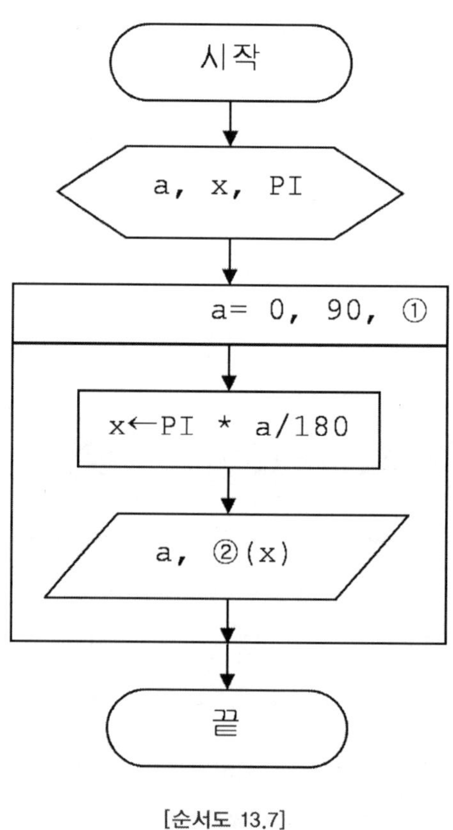

[순서도 13.7]

13-3 log(x)에서 x의 값이 0.5에서 2.5까지 0.5씩 증가 하는 경우 log x의 값을 구하는 순서도를 완성하시오

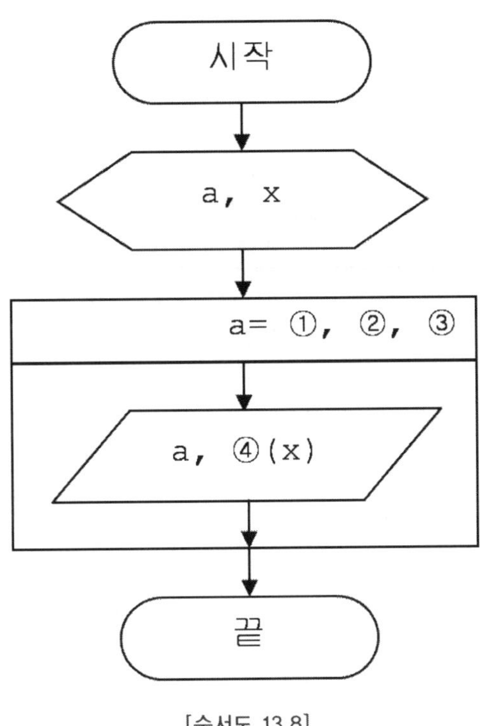

[순서도 13.8]

e^x에서 x의 값이 0에서 5까지 1씩 증가하는 경우 e^x의 값을 구하는 순서도를
완성하시오.

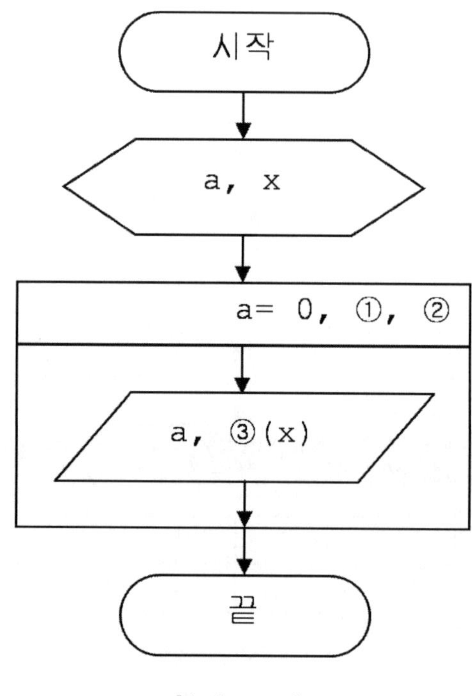

[순서도 13.9]

CHAPTER 14

순차파일 처리

| CHAPTER 14 | 순차파일 처리

이 장에서는 순차파일 처리에 관해 기술한다.
파일 종류에는 순차파일, 랜덤파일, 이진파일이 있으며 가장 기본이 되는 순차파일에 대해 학습한다.
순차파일의 열기, 쓰기, 읽기, 추가, 닫기 기능을 이해하고 숙달하며 2개의 파일을 열기하여 병합정렬을 실행하며 파일의 기본적인 기능을 이해하고 숙달한다.

이 장의 구성

14-1. 파일처리 개요
14-2. 순차파일 쓰기
14-3. 순차파일 읽기
14-4. 순차파일 추가
14-5. 순차파일 병합
14-6. 순차파일 행으로 읽기

14-1 파일 처리 개요

1. 파일의 종류

프로그래밍 언어에서 파일을 조작 하는 방법은 일반적으로 자료의 접근 형태로 순차파일(sequential file), 랜덤파일(random file)로 구분하고 형식과 의미에 따라 텍스트 파일(text file), 이진파일(binary file)로 구분 한다.

■ 순차파일

순차파일은 처음부터 순차적으로 쓰기가 되어 있으므로 중간의 데이터에 접근하기 위해서는 처음부터 순차적으로 접근해야 한다.

자료 갱신이 빈번하지 않는 경우 일반적으로 사용한다.

■ 랜덤파일

데이터들의 길이가 고정되어 있는 경우 읽고 작성할 때 사용한다. 데이터의 길이가 고정되어 있으므로 빠른 속도로 중간에 있는 데이터를 접근 할 수 있다. 데이터 길이가 고정이므로 사용자정의 데이터형인 경우 사용할 수 있다.

■ 텍스트 파일

윈도의 메모장으로 읽을 수 있으며 모니터나 프린터로 인쇄할 수 있는 파일이다.

■ 이진파일

윈도의 메모장으로 읽기를 하면 알 수 없는 문자들을 볼 수 있으며 모니터나 프린터로
인쇄할 수 없는 문자(제어문자)를 포함하는 파일이다.

2. 순차파일 열기

다음과 같은 fopen명령으로 파일을 연다. 모드에는 읽기(read), 쓰기(write), 추가
(append)가 있으며 모드의 내용은 표 14.1과 같다.

> **문법** 파일 포인트명 = fopen (파일명, 파일모드) ;

파일명은 열고자 하는 파일이름과 경로 정보를 나타낸다.

[표 14.1] 모드 종류

모드(mode)	설명
"r"	읽기전용이며 쓰기는 할 수 없다. 해당 파일은 지정 경로에 있어야한다.
"w"	쓰기전용이며 읽기는 할 수 없다. 파일명이 지정경로에 생성이 되며 지정경로에 파일이 있는 경우 기존 데이터는 지워진다.
"a"	기존에 있는 데이터 끝에서 쓰기를 한다. 기존파일이 없는 경우 파일이 생성되며 쓰기를 한다.

■ 파일 읽기(read)

> **문법**
> ```
> FILE *fp;
> fp = fopen("test.txt", "rt");
> ```

읽기전용으로 파일명의 파일이 열기가 되며 파일의 첫 데이터부터 순차적으로 읽을 수
있다. "rt"에서 r이 소문자임을 유의하고 rt의 t는 텍스트 파일임을 알린다.

■ 파일 쓰기(write)

```
문법   FILE *fp;
       fp = fopen("test.txt", "wt");
```

쓰기전용으로 파일명의 파일이 생성이 되며 처음부터 순차적으로 저장할 수 있다.
지정경로에 파일이 있는 경우 기존 데이터는 지워지므로 주의해야 한다.

■ 파일 추가(append)

```
문법   FILE *fp;
       fp = fopen("test.txt", "at");
```

파일의 끝에 데이터를 추가하여 저장하여 기존의 데이터는 있는 상태에서 추가가 된다.

3. 순차파일 닫기

파일 포인터 명에 해당하는 파일의 닫기가 되며 해당 파일을 작업한 후에는 닫기를 하지
않으면 예상치 못한 데이터의 손실이 있을 수 있으므로 파일을 열어서 작업한 뒤에는 파일
을 꼭 닫아야 한다.

```
문법   fclose(파일 포인트명);
```

5개의 숫자 데이터 (1, 2, 3, 4, 5)를 파일에 쓰기하며 보자. 파일 이름은 c 디렉토리에 "c:\test.txt"로 하자. 파일쓰기를 한 후 메모장으로 파일의 내용을 확인하여보자. 파일을 처리할 경우 파일열기, 프로그램이 끝나기 전에 파일 닫기를 하여야 한다. 프로그램의 fp=fopen("c:\\test.txt", "wt")에서 하위 디렉토리를 지정하기 위하여 'W'가 2개인 것이 특징이며 wt의 t는 텍스트로 쓰기이며 텍스 터일 경우에는 윈도의 메모장에서 데이터를 확인 할 수 있다.

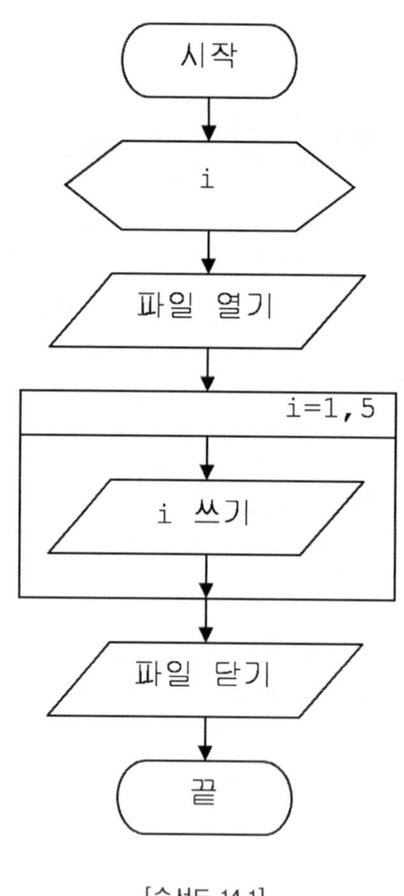

[순서도 14.1]

'p14-1

```c
/* p14-1.c */
#include <stdio.h>
void main()
{
    FILE *fp;

    int i;

    fp=fopen("c:\\test.txt", "wt");
    if (fp == NULL) {
        printf(" open error ! \n");
    }

    for(i = 1; i <= 5; i++) {
        fprintf(fp, "%d \n", i);
    }
    printf("file write end \n");

    fclose(fp);
}
```

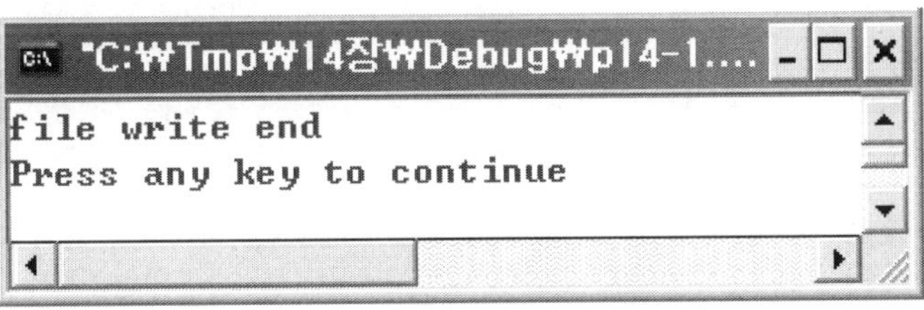

 순차 파일 읽기

앞 절에서 순차파일 쓰기로 생성한 "c:\test.txt"의 내용 (1, 2, 3, 4, 5)를 파일 읽기 명령으로 읽어서 화면에 출력하여 보자.

프로그램에서 while (fscanf(fp, "%d", &a) != EOF) 의 EOF는 파일의 끝(end of file)을 의미한다.

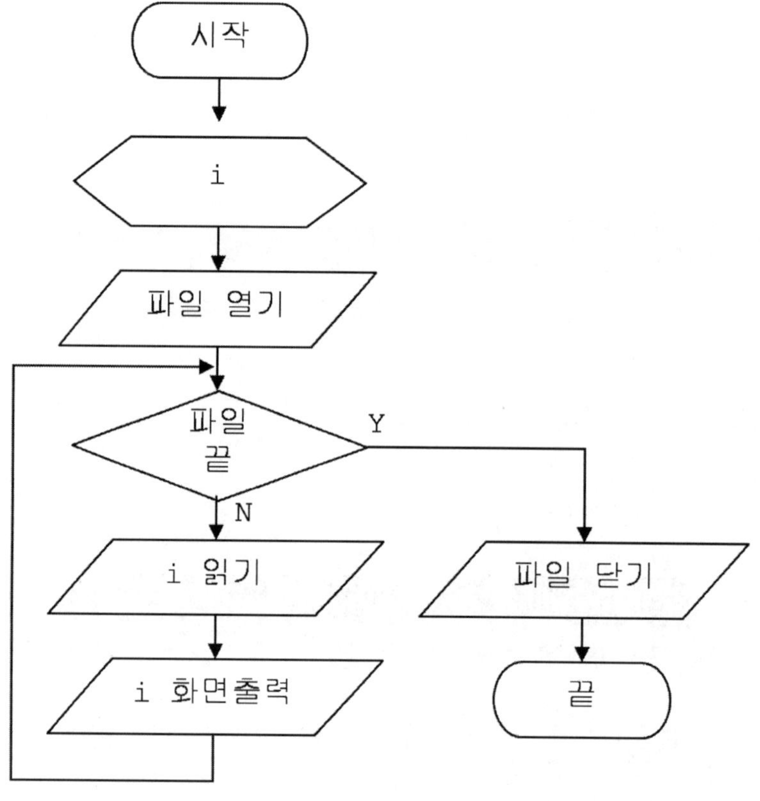

[순서도 14.2]

'p14-2'

```c
/* p14-2.c */
#include <stdio.h>
#include <io.h>
#include <stdlib.h>

void main()
{
    FILE *fp;

    int a;

    fp=fopen("c:\\test.txt", "rt");

    if (fp == NULL) {
        printf(" open error ! \n");
    }
    while ( fscanf(fp, "%d", &a) != EOF) {
        printf( " %d \n", a);
    }
    printf("file read end \n");
    fclose(fp);
}
```

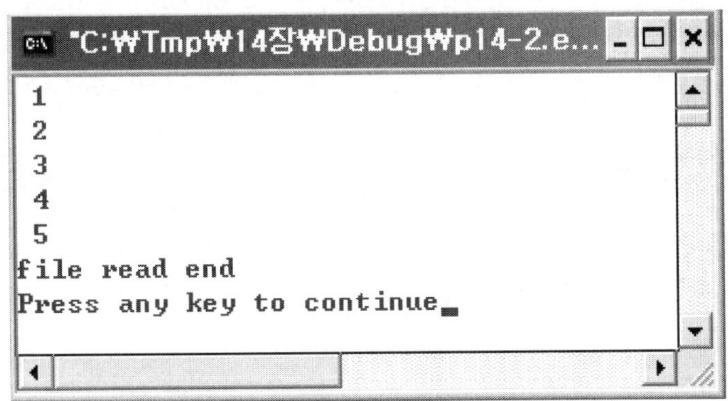

14-4 순차파일 추가

앞 절에서 생성한 "c:\test.txt"의 내용 (1, 2, 3, 4, 5)에 (6, 7, 8, 9, 10)을 파일에 추가(append)하여 보자. 파일에 데이터를 추가한 후 "c:\text.txt" 파일을 열기하여 읽고 화면에 출력하여 보자.

이 프로그램이 실행 될 때마다 기존의 파일에 6~10의 5개 숫자가 추가가 된다.

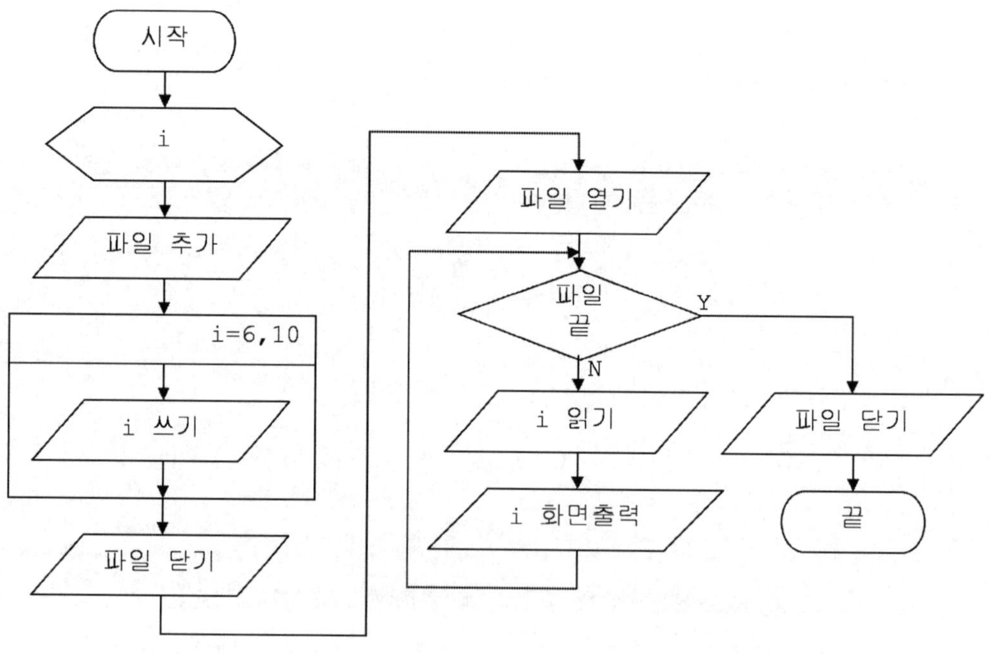

[순서도 14.3]

p14-3

```c
/* p14-3.c */
#include <stdio.h>
void main()
{   FILE *fp;
    int a, i;

    fp=fopen("c:\\test.txt", "at");
    if (fp == NULL) printf(" open error ! \n");

    for(i = 6; i <= 10; i++) {
        fprintf(fp, "%d\n", i);
        printf("%d\n", i);
    }
    printf("file append end !! \n");
    fclose(fp);

    fp=fopen("c:\\test.txt", "rt");
    if (fp == NULL) printf(" open error ! \n");

    while( fscanf(fp, "%d", &a) != EOF) {
        printf("%d ", a);
    }
    printf("append file read end !! \n");
    fclose(fp);
}
```

파일 2개를 동시에 열어서 1개 파일로 병합하여보자. 열기한 파일을 각각 1개씩 읽어서 새로운 파일에 쓰는 것을 반복하자.

"c:\ml.txt"에는 5개 데이터 (1, 3, 5, 7, 9)를 쓰고 "c:\m2.txt"에는 (2, 4, 6, 8, 10)을 쓰기 한 후 2개 파일의 내용을 각각 1개씩 읽어 "c:\m12"에는 (1, 2, 3, 4, 5, 6, 7, 8, 9, 10)이 되도록 하자.

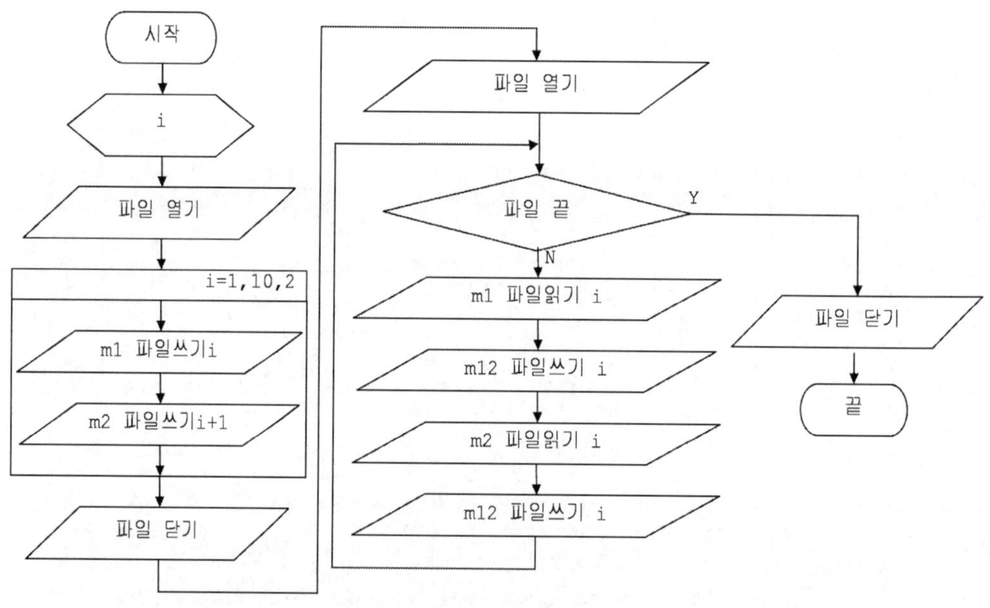

[순서도 14.4]

'p14-4'

```c
/* p14-4.c */
#include <stdio.h>
void main()
{   FILE *fp1, *fp2, *fp12;

    int a, i;
    fp1=fopen("c:\\m1.txt", "wt");
    fp2=fopen("c:\\m2.txt", "wt");

    if (fp1 == NULL) printf(" m1.txt open error ! \n");
    if (fp2 == NULL) printf(" m2.txt open error ! \n");

    for(i = 1; i <= 10; i = i+2) {
        fprintf(fp1, "%d\n ", i), printf("%d ", i);
        fprintf(fp2, "%d\n", i+1),printf("%d\n", i+1);
    }
    printf("2 file write end !! \n");
    fclose(fp1), fclose(fp2);

    fp1 =fopen( "c:\\m1.txt", "rt");
    fp2 =fopen( "c:\\m2.txt", "rt");
    fp12=fopen("c:\\m12.txt", "wt");

    if (fp1  == NULL) printf("  m1.txt open error ! \n");
    if (fp2  == NULL) printf("  m2.txt open error ! \n");
    if (fp12 == NULL) printf(" m12.txt open error ! \n");

    while( fscanf(fp1, "%d", &a) != EOF) {
        printf("%d ", a), fprintf(fp12, "%d ", a);

        fscanf(fp2, "%d", &a);
        printf("%d ", a), fprintf(fp12, "%d ", a);
    }
    printf("merge file read end !! \n");
    fclose(fp1), fclose(fp2), fclose(fp12);
}
```

순차 파일에서 한개 행에 있는 모든 데이터를 읽는 fgets 명령은 읽은 데이터를 문자로 입력하여야 한다. 순차파일에 (1, 2, 3, 4, 5)를 1행에 쓰기 하기 위해서는 "fprintf(fp, " %d", i);" 사용해야 한개 행에 연속 쓰기가 되며 만약 "%d" 에 "%d \n"와 같이 "\n"이 있는 경우 다음 행에 쓰기가 된다. "testline.txt" 파일에 (1, 2, 3, 4, 5)를 한 개 행에 쓰기하고 fgets 명령으로 str 문자변수에 읽기하고 5개의 데이터를 수치화하여 합한 결과를 화면에 출력하자.

프로그램에서 printf(" %d", strlen(str));   문장으로 str 문자변수의 길이를 확인한다.

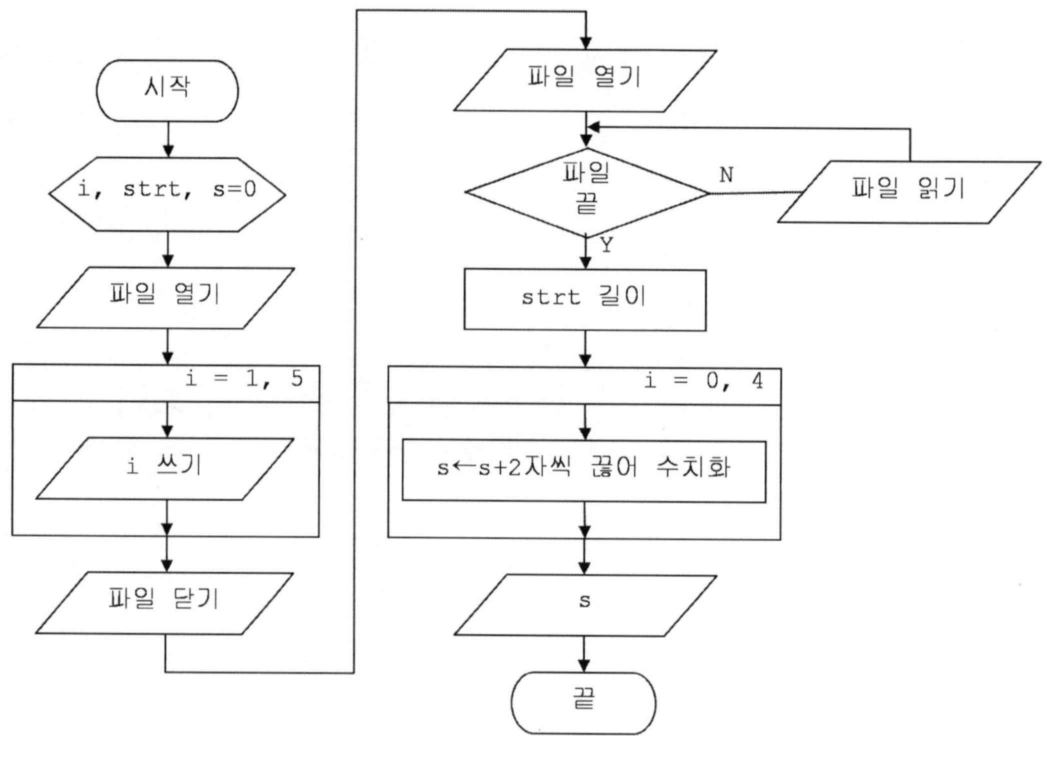

[순서도 14.5]

'p14-5

```c
/* p14-5.c */
#include <stdio.h>
#include <string.h>
#include <stdlib.h>
void main()
{   FILE *fp;
    int a, i, s=0;
    char str[80], char s1[2];

    fp=fopen("c:\\testline.txt", "wt");
    if (fp == NULL) printf("testline.txt open error ! \n");

    for(i = 1; i <= 5; i++) {
        fprintf(fp, " %d", i);
        printf(" %d", i);
    }
    printf("file write end !! \n");
    fclose(fp);

    fp =fopen( "c:\\testline.txt", "rt");
    if (fp  == NULL) printf("testline.txt open error ! \n");

    fgets(str, 20, fp);
    printf(str);
    printf(" %d", strlen(str));

    for (i=0; i<=10; i=i+2) {
        s1[0]=str[i], s1[1]=str[i+1];
        //printf("%c  %c", s1[0], s1[1]);
        a = atoi(s1);
        s = s + a;
    }
    printf("\n %d \n", s);
    fclose(fp);
}
```

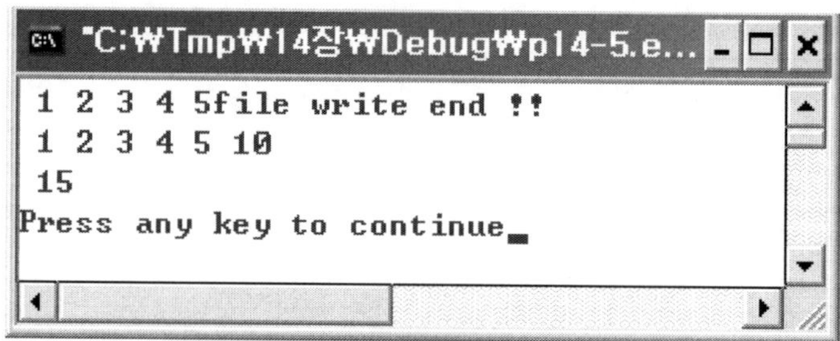

"C:\Tmp\14장\Debug\p14-5.e...
1 2 3 4 5file write end !!
1 2 3 4 5 10
15
Press any key to continue

연습문제 EXERCISES

14-1 1~10까지 10개의 숫자데이터를 "c:₩t.txt"파일에 쓰기 하는 순서도를 완성하
시오.

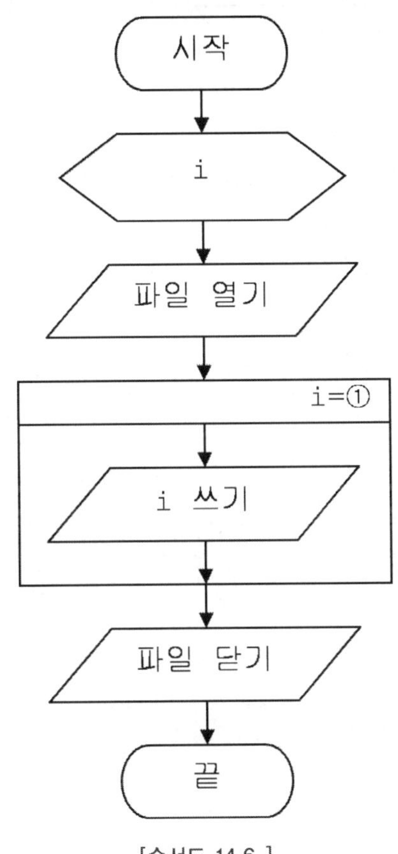

[순서도 14.6]

연습문제 14.1에서 생성한 "c:₩t.txt"의 10개의 데이터를 읽어 화면에 출력하는 순서도를 완성하시오.

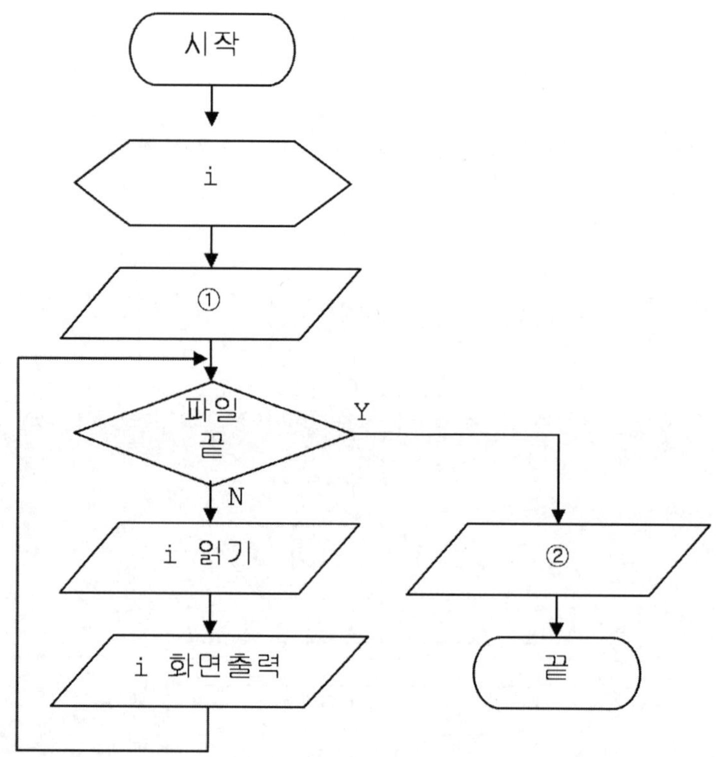

[순서도 14.7]

14-3 연습문제 14.1에서 생성한 "c:\t.txt"에 11~20까지 숫자 10개를 추가한 후 다시 이 파일을 읽어 화면에 출력하는 순서도를 완성하시오.

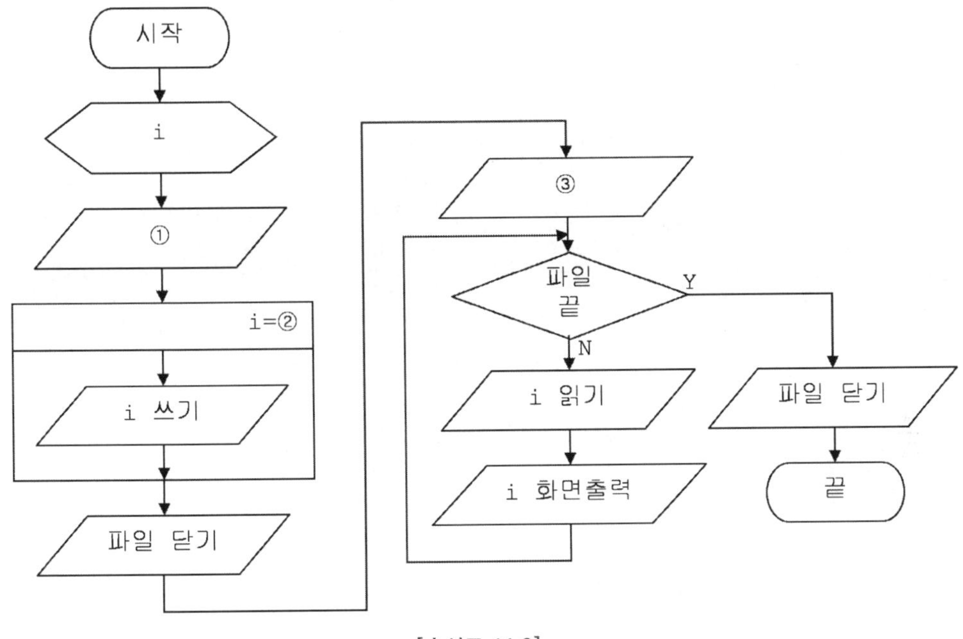

[순서도 14.8]

2~21까지 데이터에서 홀수 항을 차례로 "c:₩t1.txt" 파일에 순차쓰기하고 짝수 항을 차례로 "c:₩t2.txt"파일에 순차쓰기를 한 후 2개 파일의 내용을 "c:₩t12.txt"파일에 병합을 하는 순서도를 완성하시오.

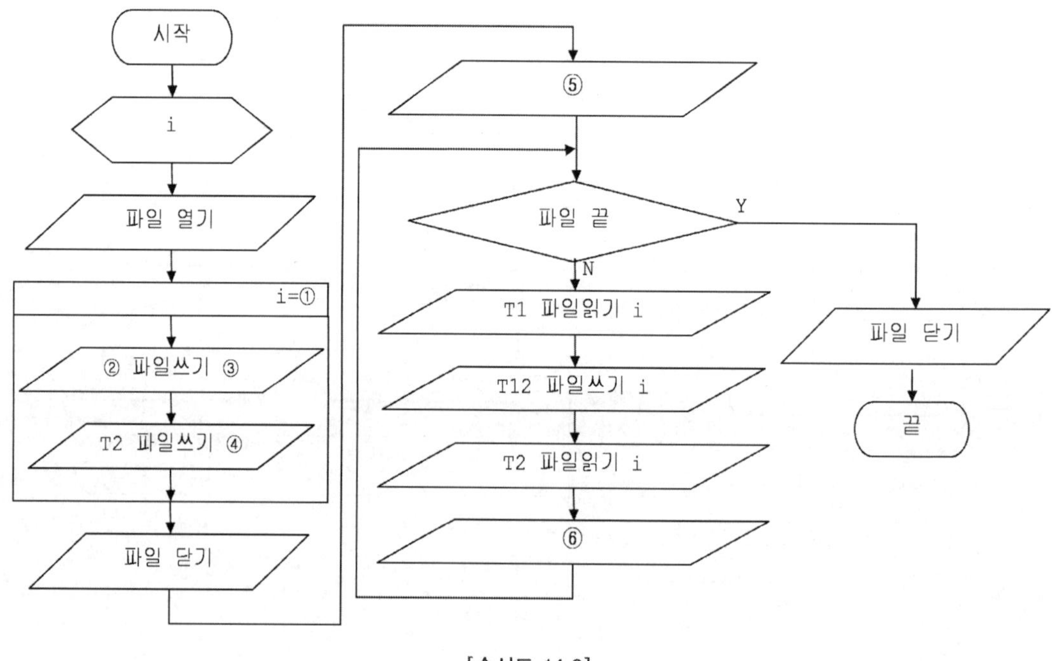

[순서도 14.9]

CHAPTER

부 록

| 부 록 |

이 장의 구성

1. 아스키코드
2. 데이터 형식
3. 1~100 숫자
4. 수의 진법
5. 참고문헌

1. 아스키(ASCII) 코드

1.1 아스키코드

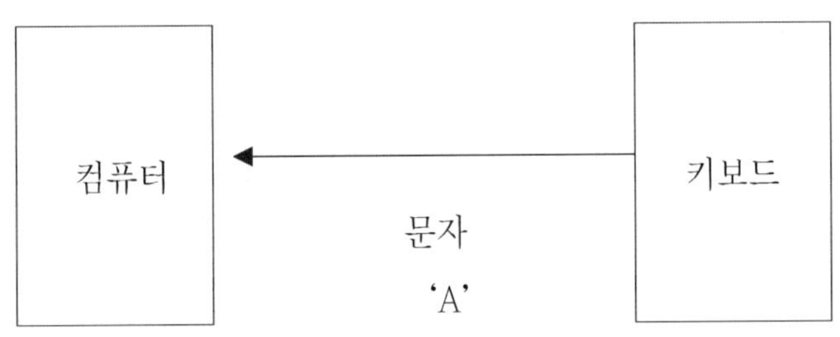

키보드에서 문자 'A'를 누르면 컴퓨터의 메모리에 'A'가 기억된다. A라는 모양이 기억 되는 것은 아니며 아스키(ASCII) 코드인 경우 0100 0001y이 기억되며 1문자는 1바이트(8비트)에 대응되어 있다.

영어의 경우 대문자 26자, 소문자 26자, 숫자 10자, 특수 문자를 포함하면 128(=28) 종류가 되지 않으므로 7비트를 사용하여 키보드에 있는 모든 문자를 1대 1 대응 할 수 있고 패리티 1비트를 포함해 8비트로 1문자를 표현하는 것이다. 그러므로 컴퓨터에서 문자열 'ABCD'를 보관하기 위해서는 4바이트가 필요하게 된다. 이와 같이 대응하는 방법에 따라 ASCII(american stand code for information interchange), EBCDIC(extended BCD interchange code)등의 코드가 있다.

[부록 표 1. 아스키코드]를 보면 A~Z, a~z, 0~9까지가 연속으로 보관되어 있고 산술기호 및 제어문자가 있다. A~Z는 41H~5AH범위에 보관되므로 프로그램에서는 이러한 연속적인 성질을 가끔 이용한다.

ASCII 코드는 컴퓨터 내부에 데이터의 보관 및 컴퓨터와 컴퓨터의 통신에 이용된다.

[부록. 표 1] 아스키코드

Hex	Dec	Chr	Ctrl	Hex	Dec	Chr	Hex	Dec	Chr	Hex	Dec	Chr
00	0	NUL	^@	20	32	SP	40	64	@	60	96	
01	1	SOH	^A	21	33	!	41	65	A	61	97	a
02	2	STX	^B	22	34	"	42	66	B	62	98	b
03	3	ETX	^C	23	35	#	43	67	C	63	99	c
04	4	EOT	^D	24	36	$	44	68	D	64	100	d
05	5	ENQ	^E	25	37	%	45	69	E	65	101	e
06	6	ACK	^F	26	38	&	46	70	F	66	102	f
07	7	BEL	^G	27	39	'	47	71	G	67	103	g
08	8	BS	^H	28	40	(	48	72	H	68	104	h
09	9	HT	^I	29	41	)	49	73	I	69	105	i
0A	10	LF	^J	2A	42	*	4A	74	J	6A	106	j
0B	11	VT	^K	2B	43	+	4B	75	K	6B	107	k
0C	12	FF	^L	2C	44	,	4C	76	L	6C	108	l
0D	13	CR	^M	2D	45	−	4D	77	M	6D	109	m
0E	14	SO	^N	2E	46	.	4E	78	N	6E	110	n
0F	15	SI	^O	2F	47	/	4F	79	O	6F	111	o
10	16	DLE	^P	30	48	0	50	80	P	70	112	p
11	17	DC1	^Q	31	49	1	51	81	Q	71	113	q
12	18	DC2	^R	32	50	2	52	82	R	72	114	r
13	19	DC3	^S	33	51	3	53	83	S	73	115	s
14	20	DC4	^T	34	52	4	54	84	T	74	116	t
15	21	NAK	^U	35	53	5	55	85	U	75	117	u
16	22	SYN	^V	36	54	6	56	86	V	76	118	v
17	23	ETB	^W	37	55	7	57	87	W	77	119	w
18	24	CAN	^X	38	56	8	58	88	X	78	120	x
19	25	EM	^Y	39	57	9	59	89	Y	79	121	y
1A	26	SUB	^Z	3A	58	:	5A	90	Z	7A	122	z
1B	27	ESC		3B	59	;	5B	91	[	7B	123	{
1C	28	FS		3C	60	〈	5C	92	₩	7C	124		
1D	29	GS		3D	61	=	5D	93	]	7D	125	}
1E	30	RS		3E	62	〉	5E	94	^	7E	126	~
1F	31	US		3F	63	?	5F	95	_	7F	127	DEL

1.2 패리티(parity)

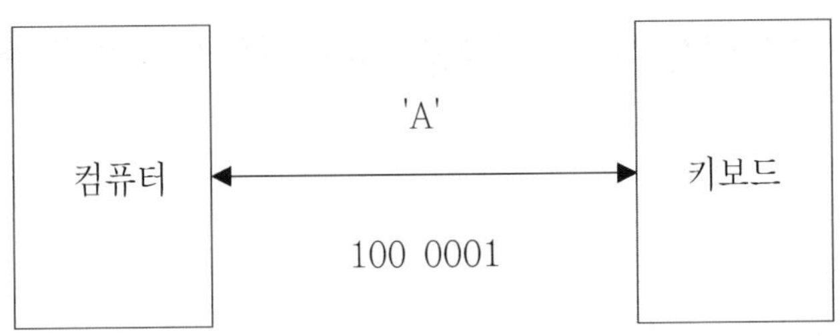

　패리티 비트는 컴퓨터와 컴퓨터가 통신을 할 때 데이터가 전송되는 동안 발생 할 수 있는 에러를 조사하기 위한 방법으로 고안 되었다.

　패리티 비트를 사용하는 방법을 보자.

　컴퓨터 상호간에 데이터를 주고 받을 때 한쪽 컴퓨터에서 문자 'A'를 송신하면 아스키 코드로 100 0001y을 보낸다. 송신할 때 이 7비트와 패리티 1비트를 첨가하여 8비트로 만들어서 보낸다고 가정하자.

$$A = 100\ 0001$$
$$패리티 + A = 0100\ 0001 \ ;\ 짝수\ 패리티$$
$$\uparrow$$
$$패리티$$

　1 비트를 첨가하여 1의 갯수를 짝수개로 만들기 위해서는 0, 1중에서 0을 선택하여야 하므로 0100 0001y이 된다.

　수신측에서 데이터를 수신하여 1의 수를 조사한다. 만약 1의 수가 홀수 개 이면 수신한 데이터는 에러가 된다. 이것이 패리티를 이용하는 방법이다. 만약 2비트가 0에서 1로 변경되면 결과는 에러가 되지 않지만 이러한 정도의 송수신 확률은 없다고 해도 무방하다.

컴퓨터의 종류, 컴파일러의 종류에 따라 조금 다를 수 있지만 sizeof 연산자를 이용하여 데이터형에 따른 차이를 쉽게 확인 할 수 있다.

[부록. 표 2] C 표준에 정의된 모든 자료형

형	바이트 크기	수치 표현 범위
char	1	-127 ~ 127
unsigned char	1	0 ~ 255
signed char	1	-127 ~ 127
int	2 또는 4	-32,767 ~ 32,767
unsigned int	2 또는 4	0 ~ 65,535
signed int	2 또는 4	int와 같음
short int	2	-32,767 ~ 32,767
unsigned short int	2	0 ~ 65,535
signed short int	2	short int와 같음
long int	4	-2,147,483,647 ~ 2,147,483,647
long long int	8	$-(2^{63}-1)$ ~ $(2^{63}-1)$ (C99에 추가)
signed long int	4	long int와 같음
unsigned long int	4	0 ~ 4,294,967,295
unsigned long long int	8	$2^{64}-1$ (C99에서 추가)
float	4	1E3-37 ~ 1E+37 (유효숫자 여섯 자리)
double	8	1E3-37 ~ 1E+37 (유효숫자 열자리)
long double	10	1E3-37 ~ 1E+37 (유효숫자 열자리)

2.1 수치자료의 표현

컴퓨터에 입력되는 수치가 123, 1.23, "abc" 이라면 컴퓨터 내부에 어떻게 기억이 될까?

자료는 수치 자료와 비수치 자료로 나누고, 수치 자료는 소수점이 없는 정수, 소수점이 있는 실수로 나누어 구별하며 비수치 자료는 문자 자료를 의미하여 사람이름, 주소 등이 여기에 속하고 컴퓨터 용어로는 일반적으로 스트링(string)이라고 한다.

■ 정수

정수(integer fixed point number)는 표현된 수의 제일 오른쪽에 소수점이 있다고 가정하므로 고정 소수점수(fixed point)라고 한다.

컴퓨터에서 정수를 표현하는 방법은 1의 보수, 2의 보수가 있다. 2가지 방법에서 정수의 양수 부분은 표현 방법이 동일하고 음수부분에서 차이가 있다. 보수는 컴퓨터에서 정수부분 중 음수를 표현하는 규약이다.

1의 보수	2의 보수	수의 범위
0111 1111	0111 1111	+127
0111 1110	0111 1110	+126
:	:	
0000 0001	0000 0001	+1
0000 0000	0000 0000	+0
1111 1111	없음	−0
1111 1110	1111 1111	−1
:	:	
1000 0001	1000 0010	−126
1000 0000	1000 0001	−127
−	1000 0000	−128

[부록. 그림 1] 8비트로 표현된 정수 표현 범위

1의 보수에서 부호를 살펴보자

$$0 \quad 111 \quad 1111 = +127$$
$$1 \quad 000 \quad 0000 = -127$$

여기서 최상위 비트는 각각 0, 1이다. +127은 0이고 −127은 1이며 컴퓨터에서 양수는
최상위 비트가 0이며 음수는 최상위 비트가 1이다.

부호를 무시하고 수치로 크기를 살펴보자.

$$0 \quad 111 \quad 1111 = +127$$
$$1 \quad 000 \quad 0000 \rightarrow 2^7 = 128$$

+127의 다음 수는 1000 000이며 이는 2진법 가중치를 고려하여 계산하면 2^8이 된다.
8비트로 표현하는 경우 양수의 최대치는 +127이므로 이는 2^7-1이 되며 16비트이면
$2^{15}-1=32767$이 된다.

그림 1에서 보면 8비트인 경우 MSB가 0이면 양수를 의미하고 표현 범위는 0000 0000
~ 0111 1111이 되며 10진수로 표시하면 0 ~ +127이 된다. 이것을 일반적으로 쓰면
$127=28^{-1}-1$이 되고 n비트이면 $2^{n-1}-1$이 정수를 표현할 수 있는 범위가 된다.

• 부호 없는 정수

부호가 없는 경우 8비트로 표현하면 0~255가 되며 데이터에서 음수가 없는 경우 사용
한다.

$$1111 \quad 1111 = 255$$
$$0000 \quad 0000 = \quad 0$$

- **1의 보수**

음수를 표현하는 1의 보수를 살펴보자

$$
\begin{array}{ll}
0000\ \ 0001 = +1 & 0111\ \ 1111 = +127 \\
1111\ \ 1110 = -1 & 1000\ \ 0000 = -127
\end{array}
$$

양수 +1에 해당하는 음수 −1은 양수에는 0는 1, 1은 0으로 변경하면 된다. −1의 최상위비트가 1이므로 음수를 의미한다. 또한 +127에 해당되는 −127도 최상위 비트가 1임을 알 수 있다.

- **2의 보수**

음수를 표현하는 2의 보수를 살펴보자

$$
\begin{array}{ll}
0000\ 0001 = +1 & 0111\ 1111 = +127 \\
1111\ 1110 = -1\ (1의\ 보수) & 1000\ 0000 = -127\ (1의\ 보수) \\
1111\ 1111 = -1\ (2의\ 보수) & 1000\ 0001 = -127\ (2의\ 보수)
\end{array}
$$

양수 +1에 해당하는 2의 보수 음수 −1은 1의 보수인 −1에서 +1하면 가능하며 2의 보수 −1에서도 최상위 비트가 1이므로 음수임을 알 수 있다.

1의보수인 경우 +0, −0이 있고 2의 보수인 경우 −0은 없다. 2의 보수인 경우에는 1000 000을 −128로 정하는 약속이다. 2의 보수에서 1000 0000을 논리적으로 양의 수를 만들 수 없다.

[예] 8, −8을 1의 보수와 2의 보수를 사용하여 8비트로 표현하라.
　　　+8인 경우 1의 보수, 2의 보수는 같다.
　　　　　+8 = 0000 1000
　　　−8인 경우 1의 보수
　　　　　−8 = 1111 0111
　　　−8인 경우 2의 보수
　　　　　−8 = 1111 1000

2.2 실수

실수는 1.23과 같이 소수점이 있는 수이며 컴퓨터의 종류에 따라 실수(real floating point number)표현은 조금씩 차이가 있지만 80x86은 IEEE-754 10.0의 실수규정에 의하여 표현되며 32비트 크기로 실수를 컴퓨터 내부에 표현할 경우 부호에 1비트, 지수부에 8비트, 가수부에 23비트를 할당하여 표현한다.

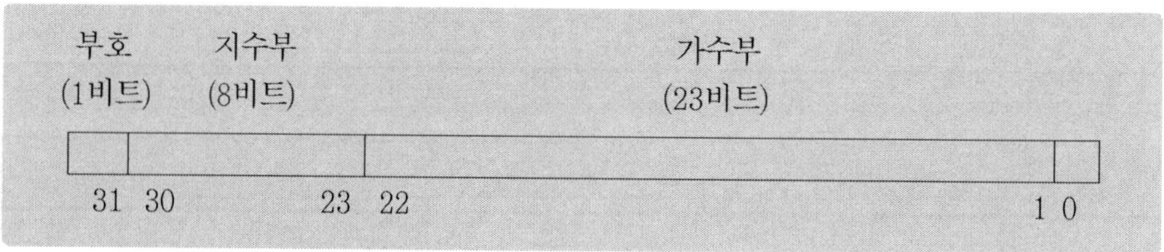

여기서 부호는 1비트이며 실수의 전체 부호이며 1.2 또는 -3.4에서 양수 또는 음수의 부호를 의미한다. 지수부는 8비트이며 10^3 또는 10^{-4}의 지수 3과 -4를 표현하기 위함이며 지수의 크기를 의미한다. 가수부는 실수의 부호와 지수를 제외한 크기가 된다.

$$1234.5 = 0.12345 * 10^4$$

실수 1234.5를 컴퓨터 종류마다 조금의 차이는 있지만 10진수로 표현하자면 $0.12345 * 10^4$이 된다. 여기서 전체부호는 양수이므로 부호는 0이 되고 10^4의 지수부분 4는 지수부에서 표현하고 소수점 이하의 12345는 가수부에 표현이 된다.

실제컴퓨터에서는 10진수 1234.5가 2진수로 변환이 되어 처리가 된다.

위 설명은 32비트로 표현하는 단정도(single precision)이며 배정도(double precision)인 경우는 64비트로 실수로 표현하고 부호에 1비트, 지수부 11비트, 가수부에 52비트로 표현하며 단정도보다 배정도수의 표현이 가수부가 52비트 이므로 정밀하게 표현 할 수 있다.

3. ☀ 1~100 숫자 부록

1	2	3	4	5	6	7	8	9	10
11	12	13	14	15	16	17	18	19	20
21	22	23	24	25	26	27	28	29	30
31	32	33	34	35	36	37	38	39	40
41	42	43	44	45	46	47	48	49	50
51	52	53	54	55	56	57	58	59	60
61	62	63	64	65	66	67	68	69	70
71	72	73	74	75	76	77	78	79	80
81	82	83	84	85	86	87	88	89	90
91	92	93	94	95	96	97	98	99	100

4. ✳ 수의 진법

4.1 수의 진법

수를 표현하는 방법은 여러 가지가 있지만 이장에서는 2진법, 8진법, 10진법, 16진법의 표현방법과 상호 변환관계에 대하여 설명한다.

컴퓨터 내부는 2진법으로 동작된다.

2진수   0100 1000y = 48h(16진수)
           ↑   ↑
          MSB   LSB

컴퓨터에서 정보를 표현하는 최소단위를 비트(bit, binary digit)라고 하며 이는 2진수에서 한 자리로 표현된다. 즉 0, 1만을 표현할 수 있다. 2진수에서 길이가 4비트이면 니블(nibble), 길이가 8비트이면 바이트(byte)라고 하고, 제일 왼쪽 비트를 MSB(most significant bit), 제일 오른쪽 비트를 LSB(least significant bit)라 한다.

2진수에서 비트가 많으면 정보를 표현하기 불편하므로 8진법, 16진법으로 표현해 읽기 쉽게 하지만 컴퓨터 내부에서 작동되는 것은 논리 0, 논리 1만 있을 뿐이다.

4.2 진법의 종류

우리가 사용하고 있는 일상생활의 10진법 수의 123.45을 생각하여 보자. 1자리를 디지트(digit)라고 하고 0 ~ 9까지 10개의 숫자로 표현 할 수 있다.

$$123.45 = 1*10^2 + 2*10^1 + 3*10^0 + 4*10^{-1} + 5*10^{-2}$$

여기서 1은 100자리이고 2는 10자리를 의미하므로 자리값(weight)이 있다는 의미가 된다.

진수	표시방법	사용되는 수
2진수	01001000b	0,1
	01001000y	0,1
8진수	123o, 123q	0, 1, 2, 3, 4, 5, 6, 7
16진수	12ABh	0~9, A, B, C, D, E, F

[부록. 그림 2] 진법의 표시기호

그림 2에서 2진법일 때 끝에 b(binay)또는 y, 8진법은 q(octal), 16진법은 h(hexa-decimal)를 뒤에 표시하여 표시된 수의 진법을 구별한다.

2진수를 표현하기 위해서는 0, 1이 필요하고 8진수는 0~7까지 8개 숫자를 이용한다. 16진수인 경우 16개 숫자가 필요하므로 0~9까지 10개 숫자와 A, B, C, D, E, F의 6개 문자를 이용하며 16진수를 표현하며 A=10, B=11, C=12, D=13, E=14, F=15를 의미한다. 그림 4.1에서 2진수는 01001000y, 8진수는 123q, 16진수는 12ABh의 예를 볼 수 있다.

그림 3은 0~16의 각 진수별 표현이 된다.

10진수 15는 2진수로 1111 이고 10진수 16은 2진수로 10000 이 된다.
10진수 7는 8진수로   7 이고 10진수 8은 8진수로   10 이 된다.
10진수 15는 8진수로   17 이고 10진수 16은 8진수로   20 이 된다.
10진수 15는 16진수로   F 이고 10진수 16은 16진수로   10 이 된다.

10진수	2진수	8진수	16진수
0	0000	0	0
1	0001	1	1
2	0010	2	2
3	0011	3	3
4	0100	4	4
5	0101	5	5
6	0110	6	6
7	0111	7	7
8	1000	10	8
9	1001	11	9
10	1010	12	A
11	1011	13	B
12	1100	14	C
13	1101	15	D
14	1110	16	E
15	1111	17	F
16	10000	20	10

[부록. 그림 3] 0~16의 각 진수별 표현

2진수 1001은 10진수로 얼마일까?

$$1\ 0\ 0\ 1 = 1 * 2^3 + 0 * 2^2 + 0 * 2^1 + 1 * 2^0$$
$$= 8 \quad + 0 \quad + 0 \quad + 1 = 9$$

2진수의 자리값은 2^3, 2^2, 2^1, 2^0 으로 각각 8, 4, 2, 1 이 된다.

4.3 진법 변환

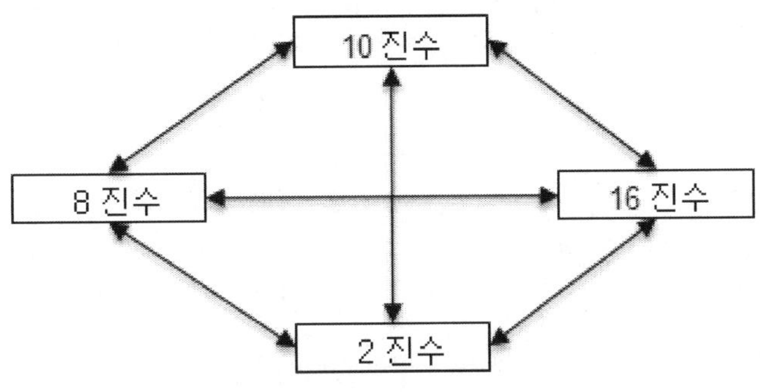

[부록. 그림 4] 진법의 변환

그림 4에서 일상생활에 사용되는 수를 10진수를 컴퓨터 내부에서 동작되는 2진수로 변환이 필요하고 컴퓨터에서 2진수로 표현된 결과를 알아보기 쉽게 8진수, 10진수, 16진수으로 변경되는 과정이 필요하다.

■ 10진수를 2진수, 16진수로 변환

• 10진수를 2진수로 변환

10진수 24.5를 2진수로 변환하며 보자

소수점을 중심으로 24는 2로 나누면 몫이 12이고 나머지는 0이 된다. 몫 12를 2로 다시 나누며 몫이 6이고 나머지는 0이 되며 몫을 2로 계속 나누어 몫과 나머지를 구하며 몫이 0이 될 때 까지 계속한다. 최종 나머지를 시작으로 나머지를 모두 읽으면 11000이 된다. 소수점 아래의 수 0.5는 2를 곱하면 1.0이 되며 소수점 이하의 수가 0이면 종료를 한다.

    24 / 2 =12   0 (=LSB)
    12 / 2 = 6   0
     6 / 3 = 3   0
     3 / 2 = 1   1
     1 / 2 = 0   1 (=MSB)

    0.5 * 2 = 1   0

10진수 24.5의 2진수는 (1 1 0 0 0 . 1)$_2$ 된다.

- **10진수를 16진수로 변환**

  10진수 26.625를 16진수로 변환하며 보자.

  16진수로 변환은 2진수로 변환과 동일한 방법이며 소수점이상은 16으로 나누고 소수점 이하는 16으로 곱하면 가능하다.

    26 / 16 = 1   10
     1 / 16 = 0   1

    0.625 * 16 = 10   0

10진수 26.625의 16진수는 (1 A. A)$_{16}$가 된다.

[문제] 10진수 255를 2진수, 16진수로 변환하라.

■ 10진수로 변환

구성된 수를 각 디지트에 자리값(weight)을 곱하여 더하면 된다.

- **2진수를 10진수로 변환**

  2진수 11000.1을 10진수로 변환하며 보자.

  2진수 이므로 자리값은 2가 되므로 소수점을 중심으로 소수점 이상의 수는 2^4, 2^3, 2^2, 2^1, 2^0의 자리값이 되며 소수점이하는 2^{-1}이 된다.

$$1*2^4 +1*2^3 +0*2^2 +0*2^1 +0*2^0 +1*2^{-1} = 24.5$$

- **16진수를 10진수로 변환**

  16진수 1A.A를 10진수로 변환하며 보자.

  16진수이므로 자리값은 16이 되며 소수점을 중심으로 소수점 이상의 수는 16^1, 16^0의 자리값이 되며 소수점 이하는 16^{-1}이 된다. 16진수 A는 10진수 10이다.

$$1*16^1 +10*16^0 +10*16^{-1} = 26.625$$

■ 8진수, 2진수 상호변환

$8=2^3$ 이므로 8진수 1디지트는 2진수 3비트와 같다.

- **12.3을 2진수로 변환**

$$12.3=001\ 010.\ 011 = 1010.011$$

- 2진수 1010.011을 8진수로 변환

$$1\ 010.\ 011 = 12.3$$

■ 16진수, 2진수 상호변환

$16=2^2$ 이므로 16진수 1디지트는 2진수 4비트와 같다.

- 16진수 FF.E를 2진수로 변환

$$FF.E=1111\ 1111.1110$$

- 2진수 1000 1100.111 을 16진수 변환

$$1000\ 1100.1110 = 8C.E$$

여기서 소수점을 중심으로 4비트씩 만들기 위하여 2진수 끝에 0을 1개추가 하였다.

5. ✳ 참고문헌

1. 홍영식 외. 자료구조. 정익사. 1982.
2. 조광문 외. 새내기 C 프로그래머를 위한 순서도 작성. 정익사. 2007.
3. 홍의경 외. 순서도를 활용한 프로그래밍 원리와 실습. 생능출판사. 2008.
4. 김충석. 프로그램 원리와 이해 실습중심. 이한출판사. 2010.
5. 김명주 외. 정보처리기능사 실기 기본서. 영진닷컴. 2010.
6. 김원선. Practical C Progamming. 이한출판사. 2008
7. 천정아. 개념을 콕콕 잡아주는 C 프로그래밍. 이한출판사. 2010.
8. 문성현 외. 새내기를 위한 C 언어 완성. 이한출판사. 2003.
9. 박상훈 역. C 프로그래밍 : 완벽 가이드. 프리렉. 2003.

| 저자약력 |

김득수(金得洙)

경력

현 대구공업대학 디지털전자정보계열 교수
삼성정밀(현 삼성테크윈) 연구소 연구원
한국기계연구원 자동제어실 연구원
지방기능경기대회 컴퓨터제어직종 심사위원(2009년, 2010년)

주요저서

마이크로프로세서의 이해(1). 형설출판사.
마이크로프로세서 실습(1). 형설출판사.
PC 어셈블리언어의 이해. 형설출판사.
1~100을 이용한 알고리즘의 이해(1) - Visual Basic 6.0편. 21세기사.
1~100을 이용한 알고리즘의 이해(2) - C 언어 편. 21세기사.

연구분야

임베디드시스템 응용
음성 분석

1~100을 이용한 알고리즘의 이해(2) -C언어 편

1판 1쇄 발행　2011년 01월 15일
1판 5쇄 발행　2021년 09월 10일
저　　　자　김득수
발 행 인　이범만
발 행 처　**21세기사** (제406-00015호)
　　　　　　경기도 파주시 산남로 72-16 (10882)
　　　　　　Tel. 031-942-7861　　　Fax. 031-942-7864
　　　　　　E-mail : 21cbook@naver.com
　　　　　　Home-page : www.21cbook.co.kr
　　　　　　ISBN 978-89-8468-382-2

정가 19,000원